动手　动脑　玩转科学

小牛顿

Sciences Little Newton Encyclopedia

科学王

牛顿出版股份有限公司◎著

动物的身体
和生长方式

四川少年儿童出版社

图书在版编目（CIP）数据

动物的身体和生长方式 / 牛顿出版股份有限公司著
. -- 成都：四川少年儿童出版社，2017.7
　　（小牛顿科学王）
　　ISBN 978-7-5365-8384-9

　　Ⅰ. ①动… Ⅱ. ①牛… Ⅲ. ①动物－少儿读物 Ⅳ.
①Q95-49

中国版本图书馆CIP数据核字(2017)第167936号
四川省版权局著作权合同登记号：图进字21-2017-534

出 版 人：常　青
项目统筹：高海潮
责任编辑：王晗笑　赖昕明
美术编辑：徐小如
责任印制：袁学团

XIAONIUDUN KEXUEWANG · DONGWU DE SHENTI HE SHENGZHANG FANGSHI

书　　名：小牛顿科学王·动物的身体和生长方式
著　　者：牛顿出版股份有限公司
出　　版：四川少年儿童出版社
地　　址：成都市槐树街2号
网　　址：http://www.sccph.com.cn
网　　店：http://scsnetcbs.tmall.com
经　　销：新华书店
印　　刷：北京艺堂印刷有限公司
成品尺寸：275mm×210mm
开　　本：16
印　　张：5.5
字　　数：110千
版　　次：2017年9月第1版
印　　次：2017年9月第1次印刷
书　　号：ISBN 978-7-5365-8384-9
定　　价：19.80元

台湾牛顿出版股份有限公司授权出版

目录

1 昆虫的身体

纹白蝶

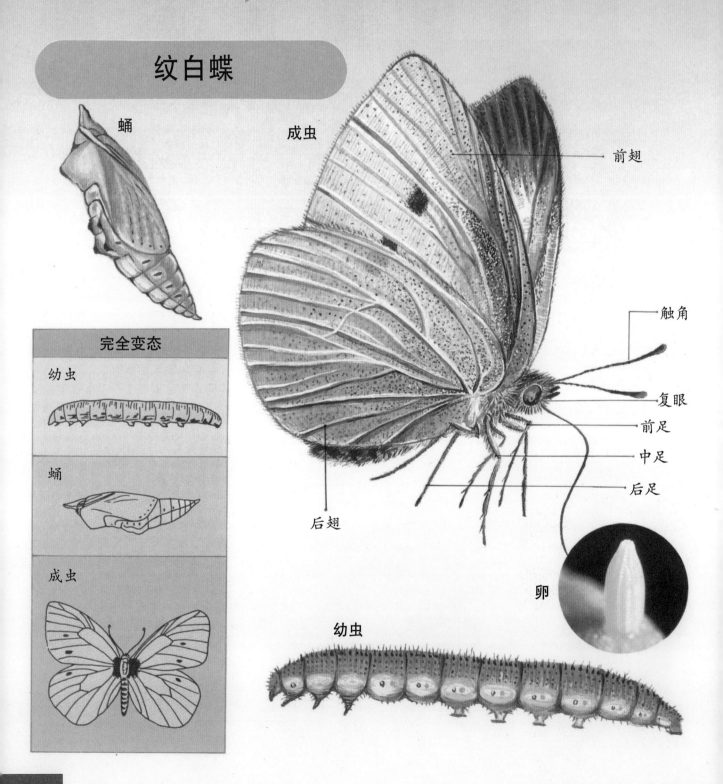

蛹

成虫

前翅

触角

复眼

前足

中足

后足

后翅

卵

完全变态

幼虫

蛹

成虫

幼虫

学习重点

❶ 昆虫成虫的身体可分为头、胸、腹三大部分。

❷ 头部有复眼、口和触角。胸部通常有2对翅膀和3对足。

❸ 昆虫的蛹或幼虫的体型依种类各有不同。

蚕蛾

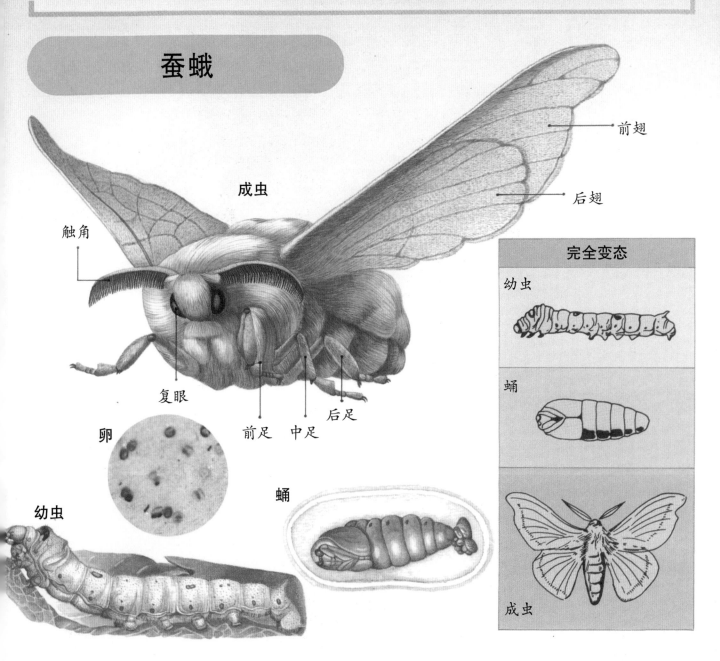

成虫

触角

前翅

后翅

复眼

前足 中足 后足

卵

幼虫

蛹

完全变态

幼虫

蛹

成虫

蝶类或蛾类的胸部都具有大型的翅膀，翅膀上有许多鳞粉，这些鳞粉可以构成各种颜色的斑纹。头部有管状的嘴巴、长长的触角以及复眼。

通常，幼虫的腹部有8只（4对）足，蛹则被硬壳包住。

独角仙

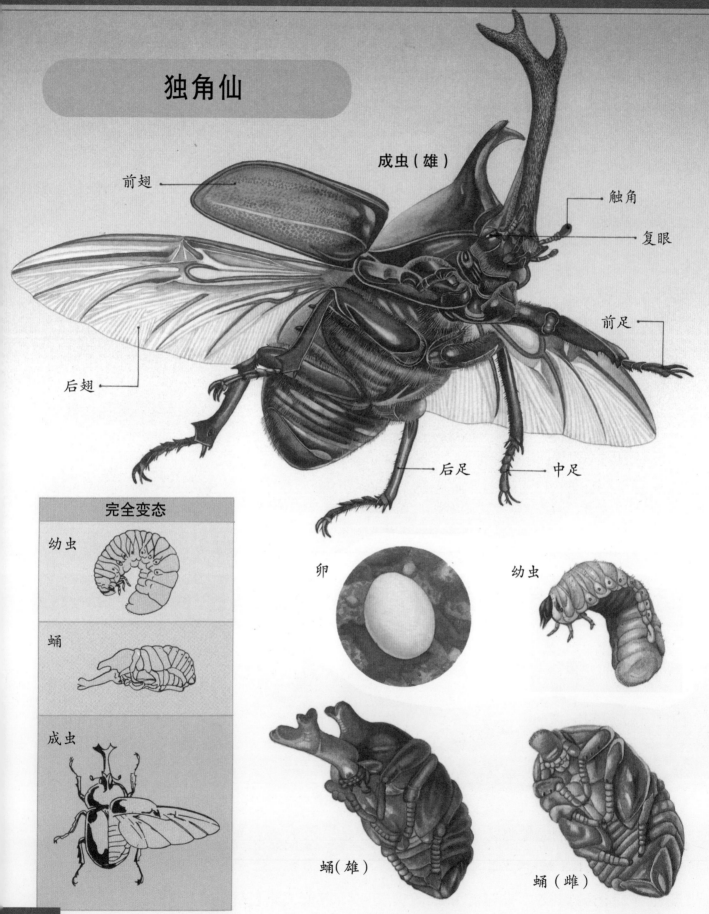

成虫（雄）

前翅

触角

复眼

后翅

前足

后足

中足

完全变态

幼虫

蛹

成虫

卵

幼虫

蛹（雄）

蛹（雌）

瓢虫

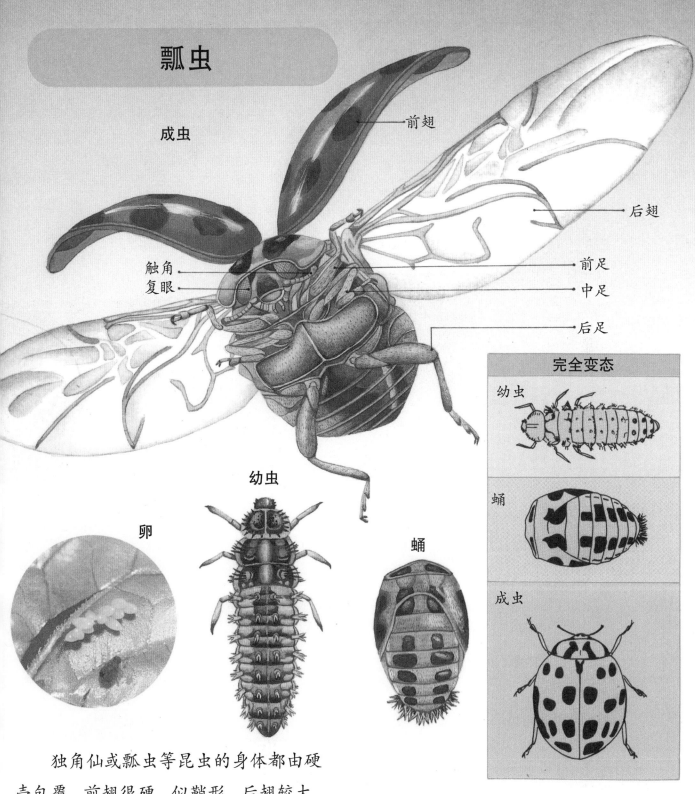

成虫

前翅

后翅

前足

中足

后足

触角
复眼

完全变态

幼虫

蛹

成虫

卵

幼虫

蛹

独角仙或瓢虫等昆虫的身体都由硬壳包覆，前翅很硬，似鞘形。后翅较大，但很柔软，除了飞翔时必须使用外，其余时间都折起来藏在前翅的下方。

幼虫的头部较硬，胸部和腹部比较柔软。这两种昆虫都是按照卵→幼虫→蛹→成虫的顺序慢慢地成长。

长脚蜂

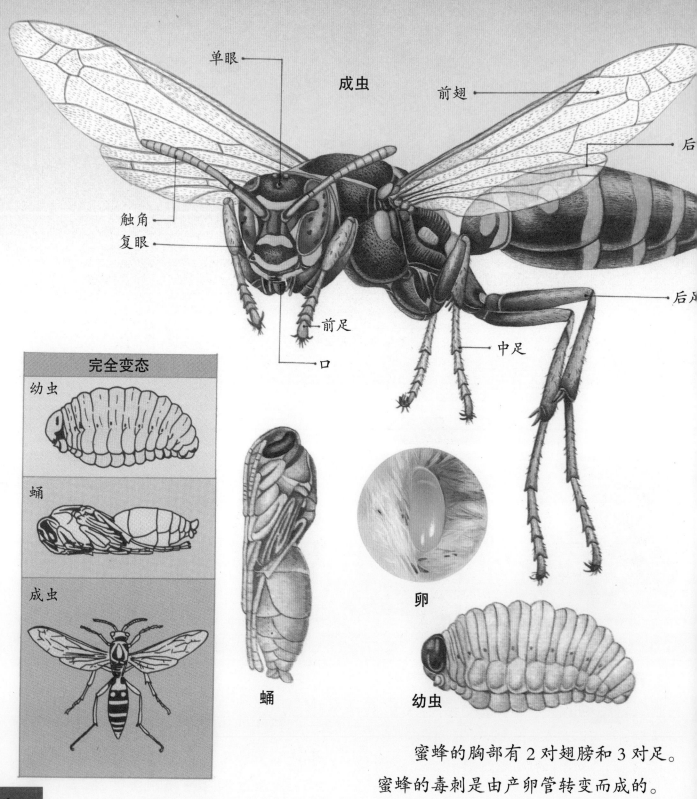

单眼

成虫

前翅

后

触角

复眼

后

前足

中足

口

完全变态

幼虫

蛹

成虫

蛹

卵

幼虫

蜜蜂的胸部有2对翅膀和3对足。
蜜蜂的毒刺是由产卵管转变而成的。

蚊子

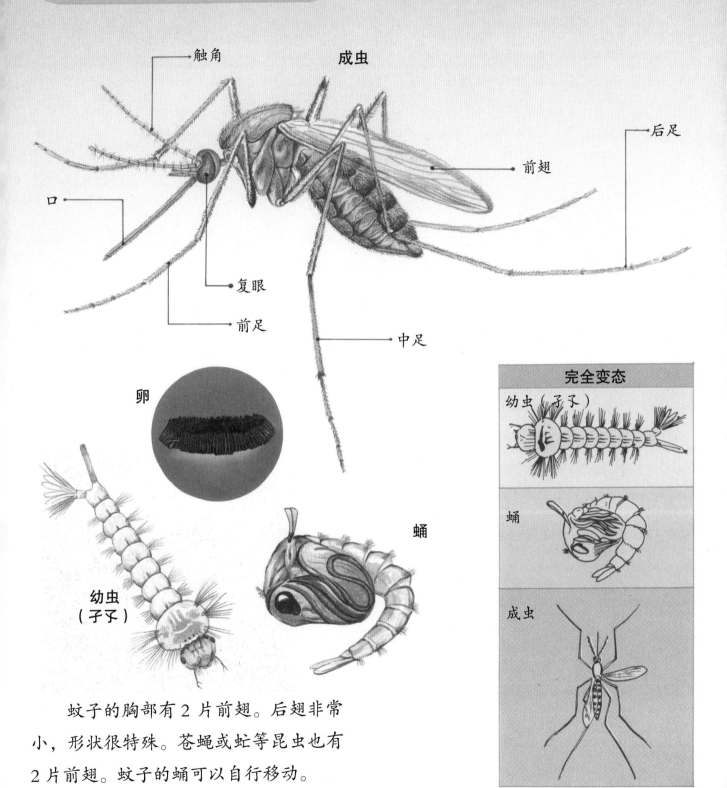

触角

成虫

后足

前翅

口

复眼

前足

中足

卵

幼虫
（孑孓）

蛹

完全变态

幼虫（孑孓）

蛹

成虫

蚊子的胸部有 2 片前翅。后翅非常小，形状很特殊。苍蝇或虻等昆虫也有 2 片前翅。蚊子的蛹可以自行移动。

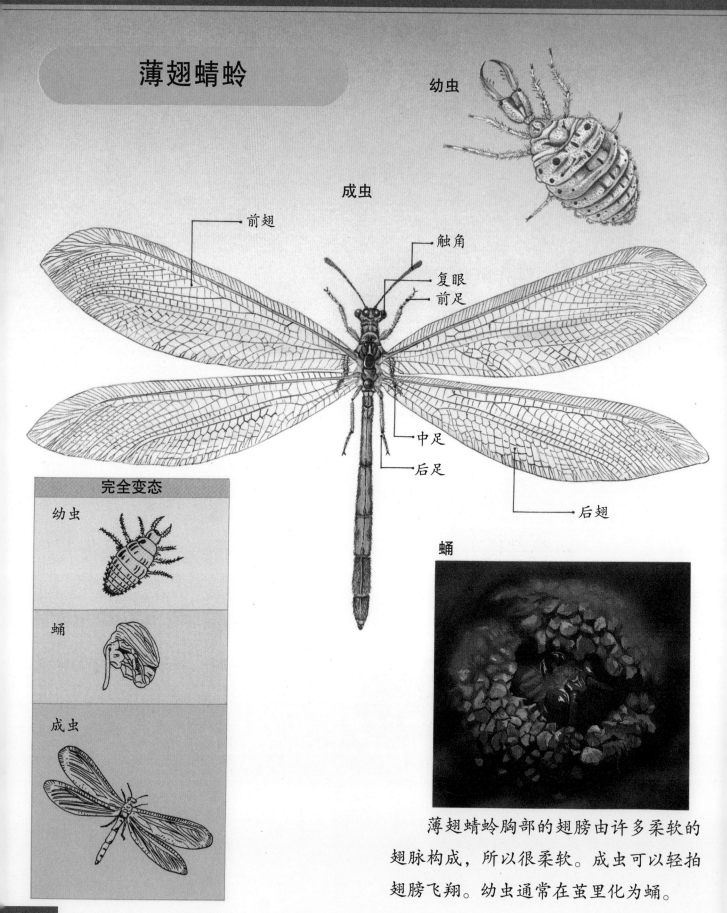

薄翅蜻蛉

幼虫

成虫

前翅

触角
复眼
前足

中足
后足

后翅

完全变态

幼虫

蛹

成虫

蛹

薄翅蜻蛉胸部的翅膀由许多柔软的翅脉构成，所以很柔软。成虫可以轻拍翅膀飞翔。幼虫通常在茧里化为蛹。

银蜻蜓

成虫

前翅

后翅

复眼

后足　中足　口

前足

卵

幼虫（水蚤）

皱缩的翅膀

腹

后足　中足　前足

下唇

不完全变态

幼虫（水蚤）

成虫

　　复眼比其他昆虫大，腹部细长，翅膀由许多坚硬的翅脉构成。成虫的足无法作为步行之用。

油蝉

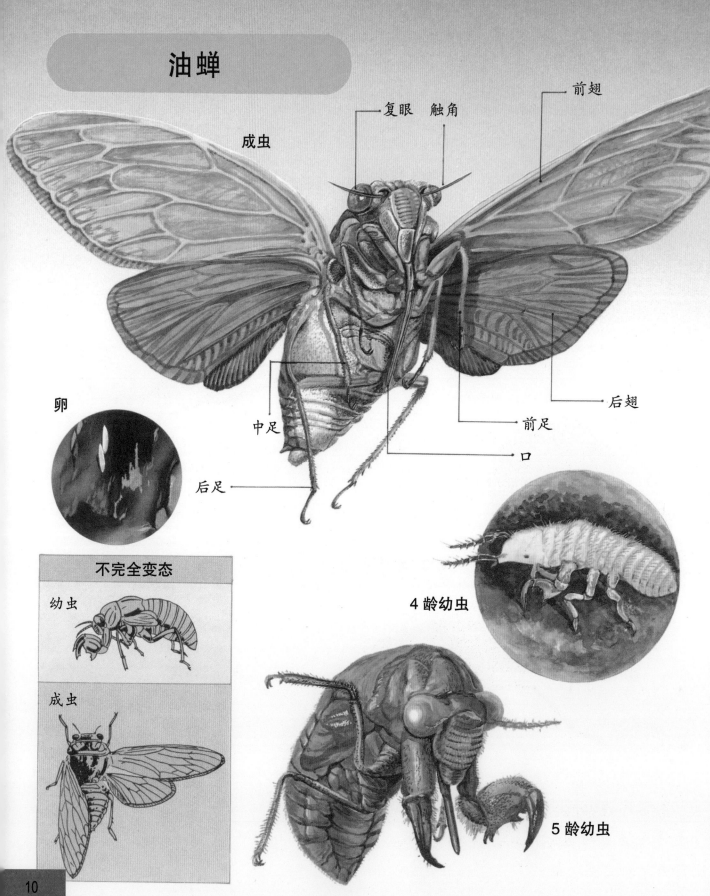

成虫

复眼　触角

前翅

后翅

前足

口

中足

卵

后足

4 龄幼虫

不完全变态

幼虫

成虫

5 龄幼虫

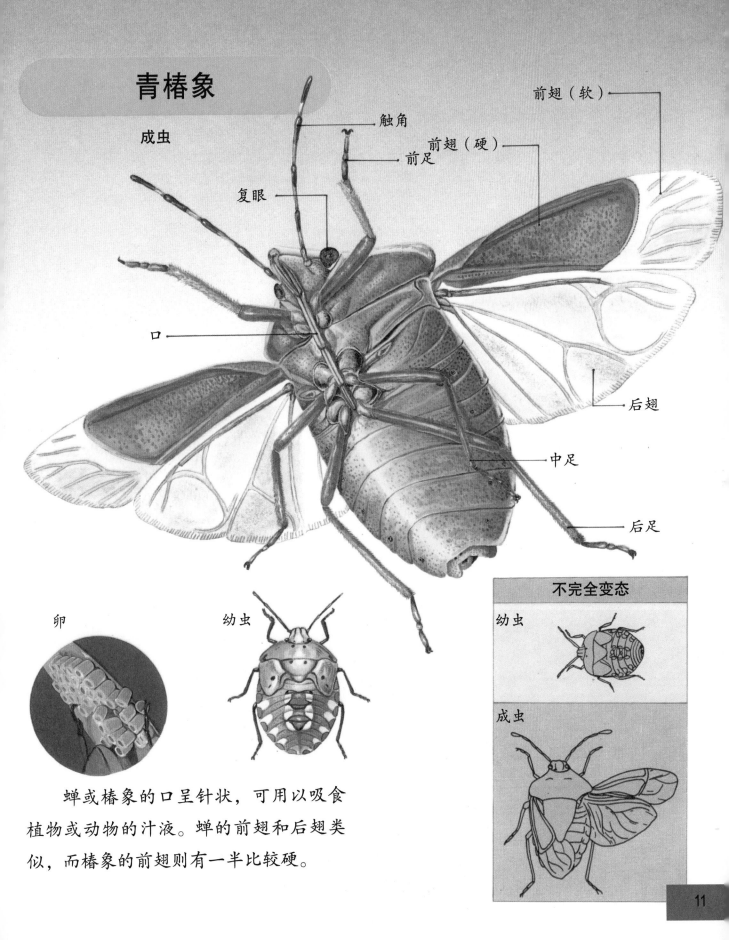

青椿象

触角
成虫
前足
前翅（硬）
复眼
前翅（软）
口
后翅
中足
后足

卵　　　　幼虫

不完全变态

幼虫

成虫

　　蝉或椿象的口呈针状，可用以吸食
植物或动物的汁液。蝉的前翅和后翅类
似，而椿象的前翅则有一半比较硬。

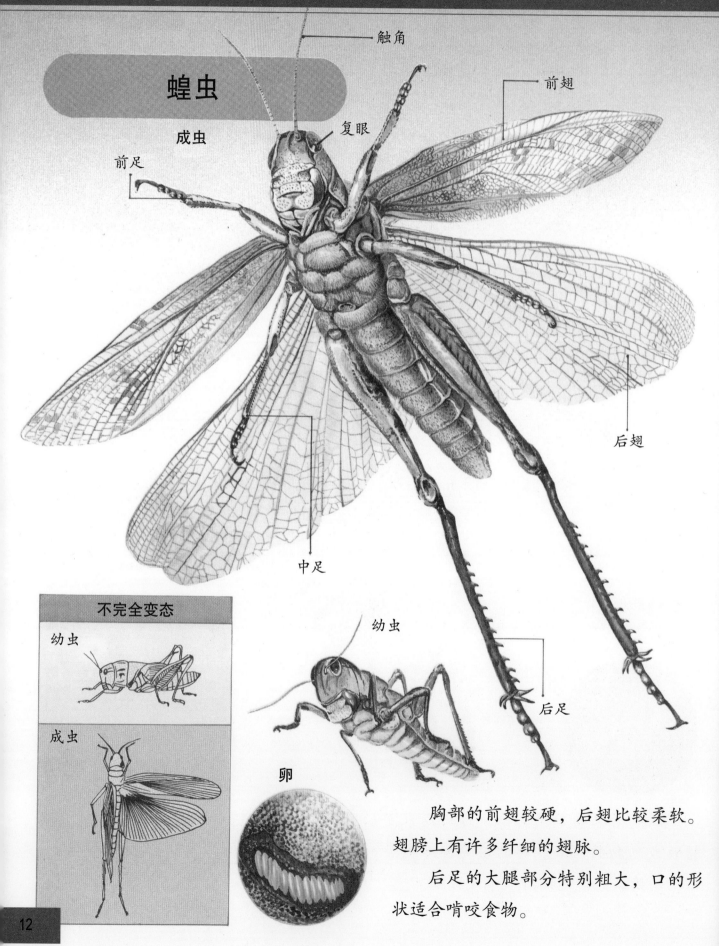

触角

前翅

复眼

成虫

前足

后翅

中足

后足

不完全变态

幼虫

成虫

幼虫

卵

胸部的前翅较硬，后翅比较柔软。翅膀上有许多纤细的翅脉。

后足的大腿部分特别粗大，口的形状适合啃咬食物。

蝗虫

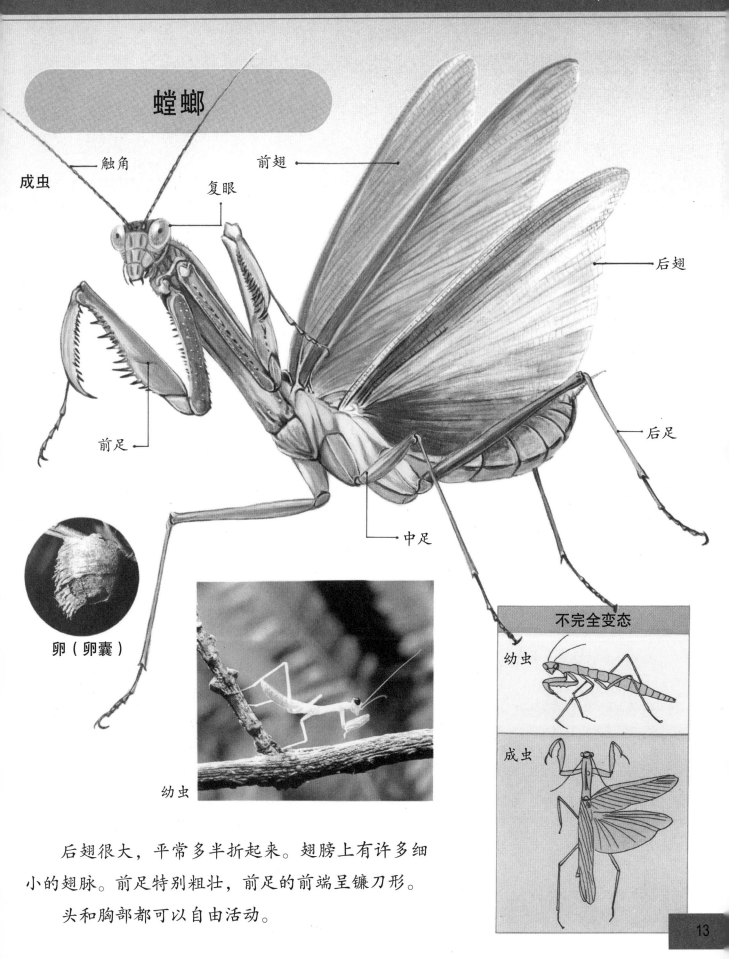

螳螂

成虫

触角

复眼

前翅

后翅

前足

后足

中足

卵（卵囊）

幼虫

不完全变态

幼虫

成虫

后翅很大，平常多半折起来。翅膀上有许多细小的翅脉。前足特别粗壮，前足的前端呈镰刀形。头和胸部都可以自由活动。

蟑螂

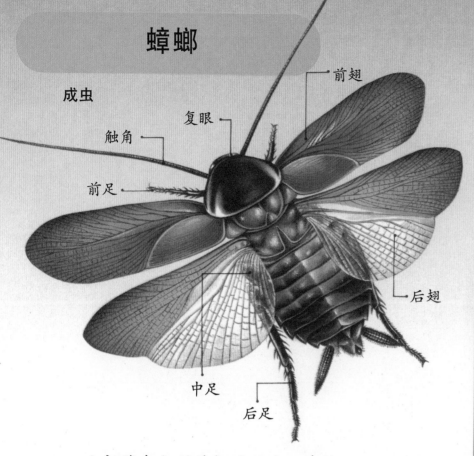

成虫

触角

复眼

前翅

前足

后翅

中足

后足

头部藏在大型前翅的下方，身体呈扁平的形状。

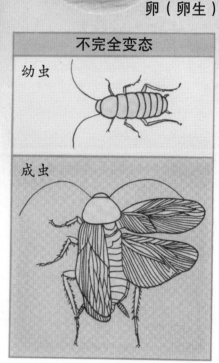

卵（卵生）

不完全变态

幼虫

成虫

🐟🌿 **动脑时间**

蜘蛛 全世界的蜘蛛约有3万种。蜘蛛的身体并不是分为头、胸、腹3个部分，而是分为头胸和腹部两部分，头胸连在一起。蜘蛛既无翅膀，也没有复眼或触角，但有触须。蜘蛛共有8只足而不是6只足。由上面我们得知，蜘蛛的身体构造和纹白蝶或独角仙等昆虫都不一样。

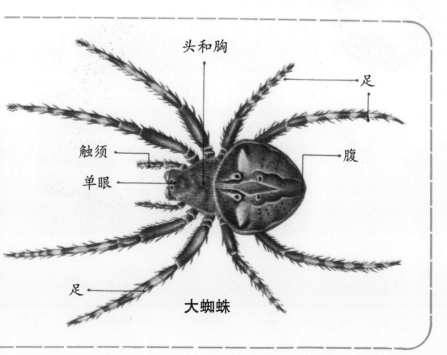

头和胸

足

触须

单眼

腹

足

大蜘蛛

整理——昆虫的身体

■ 成虫

昆虫的身体由许多节构成，大部分昆虫的身体可分为头、胸、腹3个部分。

头部有触角（1对）、复眼（1对）和口。蜜蜂和蝉等还有单眼。

每种昆虫的食物不太相同，所以昆虫的口的形状也不太一样，有些适合吸取汁液，有些适合舔食东西，有些则适合啃咬食物。

昆虫的胸部通常有2对翅膀和3对足，每种昆虫的翅膀或脚的形状与大小，也因种类而有不同。

■ 幼虫

幼虫的头部有口。有些幼虫的胸、腹无法清楚地加以区别（完全变态的昆虫），有些可以清楚地加以区别（不完全变态的昆虫）。如果属于不完全变态，幼虫的体型会比较类似成虫。

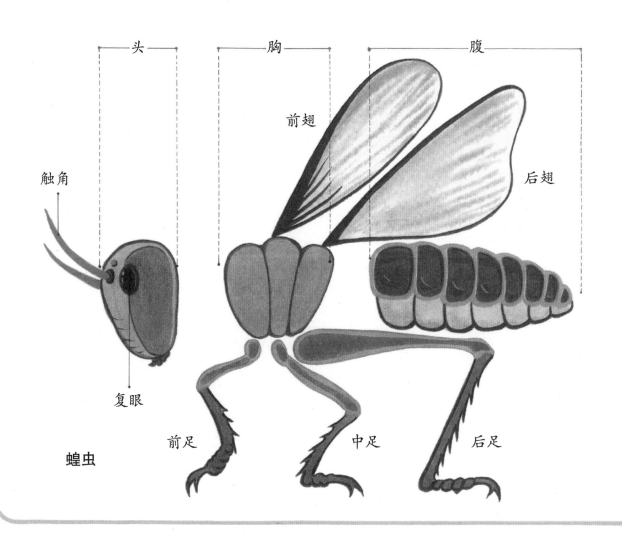

蝗虫

2 昆虫的生长方式

纹白蝶

◉ 卷心菜菜圃里的纹白蝶

通常，纹白蝶喜爱在花间飞舞并吸食花蜜，但纹白蝶也经常出现在不会开花的卷心菜菜圃中，这究竟是什么原因呢？纹白蝶到底在卷心菜菜圃里做什么呢？

仔细观察后你会发现，卷心菜菜圃里的纹白蝶有些在菜圃上飞舞，有些停留在叶片上。停在叶片上的纹白蝶会弯曲腹部，并在叶片上产下白色的物质，这表示雌蝶正在产卵。

◉蝶卵

纹白蝶的雌蝶在卷心菜的叶片上产卵，蝶卵会附着在卷心菜的叶片上。

蝶卵原是黄白色，其颜色会愈变愈深，然后成为深黄色，这是蝶卵内部色泽的变化所造成的。

◉幼虫

幼虫的孵化 通常，在产卵1周后，蝶卵会孵化出幼虫，但有时会因气温等外在因素的影响而有所变化。幼虫从蝶卵中出生便叫作孵化。

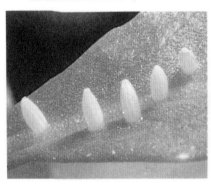 

纹白蝶的蝶卵颜色会由黄白色变成深黄色。

观 察 观察幼虫从蝶卵中孵化的情形。

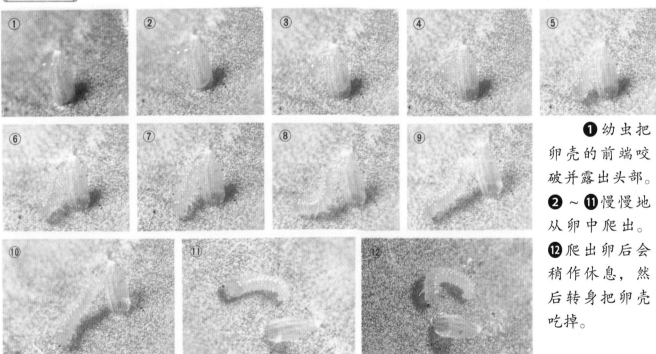

❶幼虫把卵壳的前端咬破并露出头部。

❷～⓫慢慢地从卵中爬出。

⓬爬出卵后会稍作休息，然后转身把卵壳吃掉。

要点说明 纹白蝶的雌蝶在卷心菜的叶片上产卵，经过1周之后，幼虫会咬破卵壳并从壳中爬出，幼虫爬出卵壳后便开始啃食卵壳。

幼虫的生长情形 纹白蝶的黄色小幼虫吃完蝶卵的外壳之后，便开始进食卷心菜的叶片，一旦吃了卷心菜的叶片，幼虫的身体会逐渐变为绿色。纹白蝶的幼虫叫作螟蛉。经过短暂的休息，幼虫开始脱皮，这种情形叫作蜕皮。

蜕皮后，幼虫的虫身会变大。也就是说，幼虫的虫体长大之后，因为外皮太小，所以才需要蜕皮。蜕皮后不久，幼虫又开始啃食卷心菜的叶片。

观察 观察蜕皮的情形。

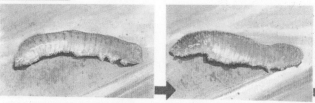
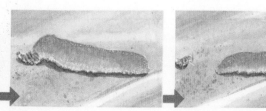

以头部、胸部、腹部的顺序慢慢蜕皮。

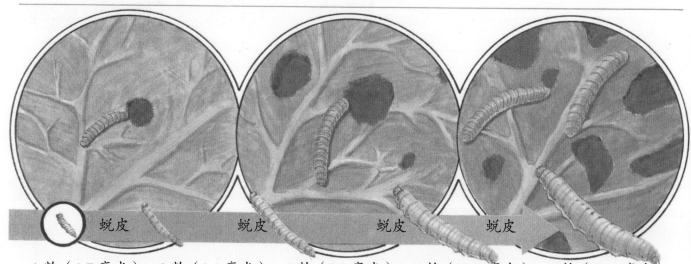

1龄（1.7毫米） 蜕皮 2龄（3.0毫米） 蜕皮 3龄（7.0毫米） 蜕皮 4龄（20.0毫米） 蜕皮 5龄（33.0毫米）

幼虫总共蜕皮4次，刚孵化的幼虫叫作1龄幼虫，蜕皮1次的叫2龄幼虫，蜕皮4次的叫作5龄幼虫，最大的幼虫就是5龄幼虫。幼虫不吃自己脱下的外皮。幼虫慢慢长大后，食量也逐渐增加。它们经常一边啃食叶片，一边排泄粪便，活动和静止时都可以进行排泄，而幼虫愈大，排出的粪便也愈多。

进阶指南

虫丝 幼虫从嘴部吐丝，这些丝可附着在叶片等物的表面。让虫丝挂在腹部的脚爪上，可用来支撑身体以便步行。

幼虫的步行方式。

◉ 蛹

幼虫经常啃食叶片并慢慢长大，当幼虫成为 5 龄幼虫时便停止进食，并在卷心菜的叶片上或四周的草上四处爬行，寻找蛹化的适当场所。此时，幼虫排泄的粪便也由原来的硬块状变成含有许多水分的泥状。幼虫找到蛹化的场所之后，便慢慢地转变为蛹。

观察 观察 5 龄幼虫的蛹化情形。

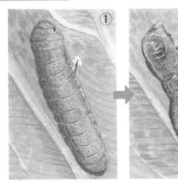   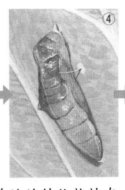 

❶幼虫找到蛹化场所后会吐出许多丝来，并让腹部前端的钩状物挂在蛹化的场所。当腹部的前端附着在选定的地点后，幼虫会继续吐丝将虫身的胸部也加以固定，然后保持静止的状态，而这种静止状态大概持续 1 天之久。❷迅速地伸展出虫体并鼓起胸部，胸部的外皮会因此破裂，蛹的形状便显露出来。❸❹蜕去旧皮并成为蛹。❺经过数小时后蛹体慢慢变硬，并且保持静止不动的状态。

要点说明
幼虫摄食卷心菜等植物的叶片，然后慢慢地长大。经过 4 次的蜕皮后，幼虫会成为 5 龄幼虫。长成 5 龄幼虫后便不再摄食叶片，它们开始寻找蛹化的场所，然后吐丝将虫身垂挂起来并成为蛹，蛹则随时保持静止的状态。

🦋 进阶指南

黑脉粉蝶 和纹白蝶颇为类似，但是喜爱背阳的场所，蝶翅上有数条黑带，这是不同于纹白蝶的地方。

黑脉粉蝶和纹白蝶的蝶卵外形与颜色非常相似，蛹的形状也很酷似，但黑脉粉蝶的蛹的颜色为褐色或绿色。

成虫（夏型、雌）

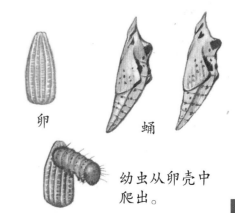

卵 　　 蛹

幼虫从卵壳中爬出。

◉ 成虫

羽化 蝴蝶的成虫最后会从蛹里破蛹而出，这个过程叫作羽化。

羽化的时刻大致都是一定的，纹白蝶在天亮不久后便开始羽化。从蛹的外壳开始破裂直到羽化完成需 2 至 3 分钟，但是伸展蝶翅并让蝶身挺直却需要一段时间。

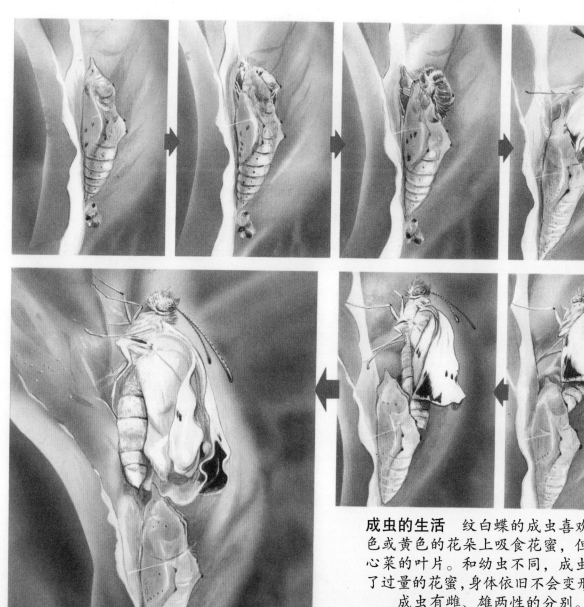

成虫的生活 纹白蝶的成虫喜欢群集于白色或黄色的花朵上吸食花蜜，但却不吃卷心菜的叶片。和幼虫不同，成虫即使吸取了过量的花蜜，身体依旧不会变形或变大。

成虫有雌、雄两性的分别。雌蝶和雄蝶交尾后，雌蝶会产下蝶卵。

羽化情形 即将羽化时，翅膀会出现色泽，眼、足和口也已经形成。等到蛹的壳裂开后，成虫便从蛹里爬出，然后慢慢地伸展翅膀。

◉ 纹白蝶的一生

纹白蝶依照卵→幼虫→蛹→成虫的顺序改变形态并慢慢成长。这种成长方式称为"完全变态"。凤蝶、独角仙和蜜蜂等也都是完全变态的昆虫。

因为在整个成长过程中会遭遇敌人或疾病的侵袭，每100个蝶卵中，大概只有1/10能够顺利地变为成虫。成虫当然也会遭逢天敌，但是侥幸存活下来的成虫可以继续交配产卵，并孕育后代。

由卵发育而成的数目

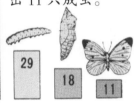

100个卵大概可以孵化出29条幼虫，在29条幼虫中大约有18条可以成为蛹。其中约有11个蛹可以羽化成为蝶，所以100个卵仅能孕育出11只成虫。

被寄生蜂寄生的鳞翅目幼虫

蝴蝶幼虫常成为天敌（胡蜂）的美食。

要点说明

纹白蝶的蛹破裂后会有蝴蝶从蛹里挣出，这个过程叫作羽化，从蛹里挣出的蝴蝶称为成虫。成虫喜爱吸食花蜜，但身体不会变大，不会蜕皮，形状也不会改变。

🐛 **进阶指南**

春型和夏型 纹白蝶的主要活动时间为春季到秋季。春天所见的成虫是由越冬的蛹羽化而成，体型比较小，黑色的花纹较少，白色的部分很显著，叫作春型。春型的雌蝶产卵后，卵变成幼虫，幼虫继续成长并经过蛹化时期，到了同年的6月便羽化为成虫。这种成虫的体型比春型大，黑色的斑纹也较大，叫作夏型。夏型的繁殖期可以持续到9月，而秋天羽化的成虫和春型非常相似。春型和夏型都叫作季节型。

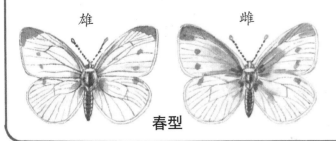

雄　　雌

春型

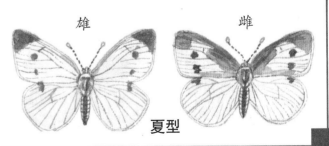

雄　　雌

夏型

各种昆虫的成长方式

● 蚕

蚕是鳞翅类昆虫的幼虫，成虫叫作蚕蛾。蚕茧可以抽取蚕丝，因此人们从很早的时候便开始养蚕。经过长时间的品种改良之后，现在大约有 3000 种以上的不同品种。

由卵刚刚孵化的幼虫叫作 1 龄幼虫，颜色呈黑色，有长毛，又叫作蚁蚕。接着，经过 4 次的蜕皮，1 龄幼虫会变为 5 龄幼虫。5 龄幼虫的体重约为 5 克。

幼虫的力气很弱，不太容易步行或攀住其他物体。蚕在蛹化之前会自嘴部吐丝并结成茧。而成虫则从嘴部吐出一

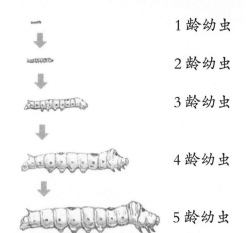

1 龄幼虫

2 龄幼虫

3 龄幼虫

4 龄幼虫

5 龄幼虫

种特殊的液体，这种液体可以软化蚕丝，成虫便可破茧而出。成虫无法飞翔，也不进食。羽化后的雌性成虫会自腹部的前端放出香气引诱雄性的成虫，然后进行交尾。交尾之后，雌性的成虫便开始产卵，产卵之后便告死亡。

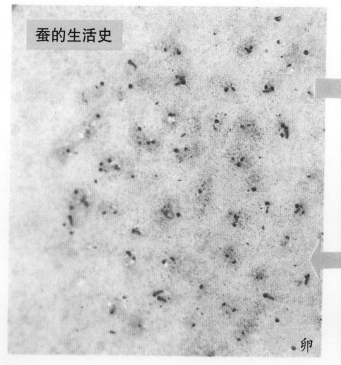

蚕的生活史

卵

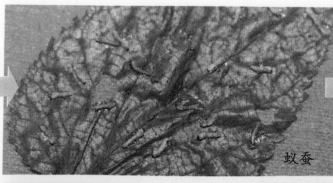

蚁蚕

雌蛾产卵

◉柑橘凤蝶

柑橘凤蝶有点类似黄凤蝶，但是底色呈淡黄白色，前翅腹面靠外缘部分的黑带宽阔。常出现于住宅附近，幼虫以各种柑橘类树叶为食。

成蝶喜爱穿梭于马缨丹、朱槿、柑橘等园艺植物的花朵间，并且常群集于溪水边。幼虫则常以枸橘、漆仔树、茱萸、黄树根藤等柑橘类树叶为食。

柑橘凤蝶的卵

柑橘凤蝶的蛹

柑橘凤蝶

刚孵化的幼虫

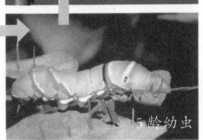

5龄幼虫

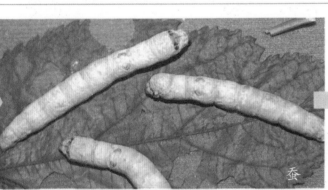

蚕

吐丝

雌、雄蛾交尾

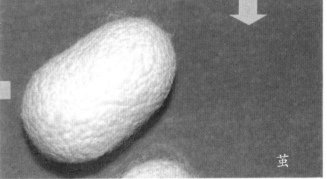

茧

● 锹形虫

雌锹形虫先在枯木中挖出 1 个洞，将产卵器伸入洞中产下 1 颗椭圆形的卵，再用木屑把卵遮盖起来。3 星期左右，卵发育成熟，幼虫利用 2 只颚牙咬破卵壳爬出来。

刚孵化的幼虫会啃食四周的木材，一边吃一边向内部钻，最后挖出一条坑道在里面冬眠，待春天来临时再醒过来。

幼虫期长达 2~3 年，经过 3 次蜕皮后才成为蛹，3 个星期后，体色浅褐的成虫即从蛹中羽化出来，再经过 7 天，成虫身体变黑变硬后才开始活动。

雌虫产卵。

略成椭圆形的卵。

幼虫咬破卵壳爬出来。

幼虫化成蛹。

成虫。

刚羽化的成虫体色呈浅褐色。

蛹色慢慢加深。

◉ 锚纹瓢虫

成虫在 3 月左右开始活动，到了 4 月时便在蚜虫出现的嫩叶上产卵，卵经过三四天后便开始孵化。幼虫的体长约 2 毫米，摄食蚜虫之后会逐渐成长，经过 3 次蜕皮，体长成为 8 毫米左右。

不久后幼虫便成为蛹，蛹的身体有时会立起来，经过 5 天左右羽化为成虫。

刚羽化的成虫翅膀呈黄色，但是 2 小时之后，前翅上会出现黑色的花纹，前翅颜色也跟着变红。

4 至 6 月时会经历卵→幼虫→蛹→成虫的各阶段，且进行 1 至 2 次的繁殖，秋天时还会繁殖 1 次，在温带地区可以幼虫或蛹的形态过冬。

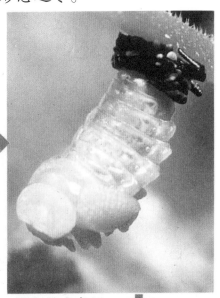

在蚜虫经常出没的草木上产卵。　　幼虫。　　　　　　　　　幼虫转变成蛹。

动脑时间

瓢虫的同类　瓢虫的同类有上百种，下面仅是其中的 4 种。

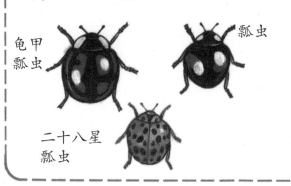

龟甲瓢虫　　　　　　　瓢虫

二十八星瓢虫

刚羽化时翅膀呈黄色，不久之后会出现黑色的花纹，最后，前翅会变成红色。

● 蜜蜂

蜜蜂的一生是以卵→幼虫→蛹→成虫的顺序慢慢地成长。

工蜂通常由不能产卵的雌蜂来担任，工蜂的工作包括打扫蜂巢、照顾幼虫、筑巢、看门以及外出采集花粉和花蜜。幼虫以花粉和花蜜为食物，而后慢慢地长大。

工蜂会提供一种特别的食物——蜂王浆给女王蜂，女王蜂每天可以产下大量的卵。每一个蜂巢中有一只女王蜂，如果蜜蜂的数量变多时，必须有后继的女王蜂，工蜂会开始建造特别的巢——王台，女王蜂在王台产卵，孵化出来的幼虫如果用蜂王浆饲养，长大之后会发育成新的女王蜂。新的女王蜂出现之后，原来的女王蜂便带领巢中半数的工蜂飞离旧巢，并寻找适当的地点再筑一个新巢，这叫作"分封"。

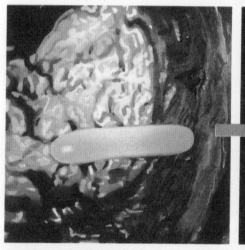

女王蜂在育婴巢里产下一个卵。

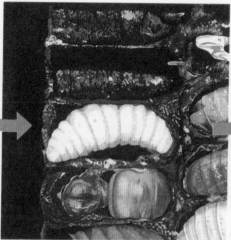

工蜂替幼虫寻找食物，幼虫便慢慢地成长。

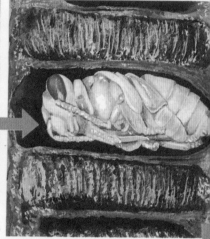

成虫的虫体部位已经形成。

工蜂利用后脚的"花粉篮"运送花粉回巢。

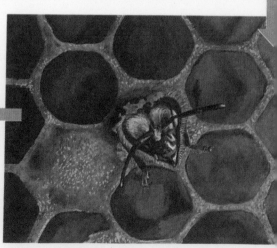

成虫咬破育婴巢的盖子并从中钻出来。

◉ 扁虻

扁虻是花虻的同类，扁虻的主要特征是可以在空中的某一个定点原地飞翔。

扁虻的幼虫以蚜虫为食，所以成虫会把卵产在蚜虫经常出现的地方。孵化后的幼虫一面抖动虫体的前面部分，一面寻找并捕食蚜虫。1龄幼虫虽然没有强壮的口颚，却能用嘴吸住比自己身体还大的蚜虫，并把蚜虫举向空中，然后吸取蚜虫的体液。由1龄幼虫发育成3龄幼虫通常需要10天左右，但因温度或食物不同，发育所需的时间可能稍有差异。幼虫利用腹部的前端攀附在树干上，然后慢慢地变成蛹。我们所见的蛹是由幼虫的外皮硬化之后变成的，真正的蛹包藏在硬化的皮中。

成虫经常在花间采蜜，成虫的腹部有黄色和黑色的条纹，使其看起来很像蜜蜂，这是一种拟态。成虫尤其喜爱游访白色或黄色的花朵。

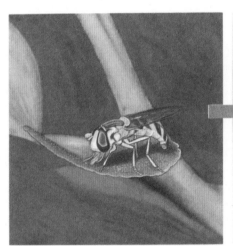

找寻住有蚜虫的树木，然后开始产卵。

在蚜虫的活动范围附近产卵。

即将成为蛹。

成虫喜爱在白色或黄色的花朵上聚集并吸食花蜜。

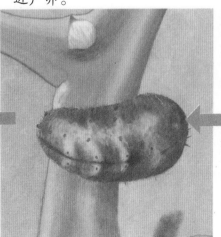

真正的蛹包藏在硬化的外皮中。

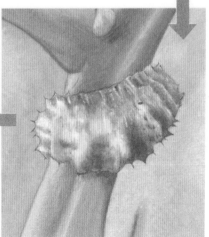

利用腹部的前端攀附在树干上，然后变成蛹。

◉ 油蝉

成虫把产卵管插入樱花、青冈栎或梨树的树干或枯枝里，然后开始产卵。产下的卵会以卵的形态度过漫长的冬天。

到了来年的夏初，卵孵化出带有薄皮的幼虫，幼虫爬出卵壳后立刻蜕皮，成为 1 龄幼虫，并从树上掉落地面，再钻入土壤里。到了同年的 10 月，1 龄幼虫变成 2 龄幼虫。2 龄幼虫又于次年的 10 月转变为 3 龄幼虫。

1 年之后，3 龄幼虫转变为 4 龄幼虫。接着又过了 2 年，4 龄幼虫终于成为 5 龄幼虫。夏初时，过冬后的 5 龄幼虫会爬出地面并进行羽化，其间不需经过蛹化时期，这种成长方式叫作不完全变态。幼虫在土壤中生活了 5 年，但成虫的寿命却仅有 2 到 3 周。幼虫和成虫会把尖锐的吸管插入树木的根或树干吸食植物的汁液。

在土壤中，幼虫的复眼为白色。随着羽化时期的到来，复眼会逐渐呈现深褐色。

5 龄幼虫会由地面爬上树干等待羽化。

背部裂开后，成虫自裂缝中钻出来。

翅膀色彩丰富，身体部分也变得硬实。

成虫全身挣出后便伸展羽翅，翅膀的颜色渐渐鲜艳。

◉ 银蜻蜓

雌性的成虫和雄虫交尾后，在水草的茎部产卵。

经过数天之后，卵呈现黑色，并出现黑点，黑点将成为复眼。刚开始时，身上包覆着薄薄外皮的幼虫出现在水中，不久之后幼虫开始蜕皮，成为 1 龄幼虫。

蜻蜓的幼虫叫作水虿，最多蜕皮 8 至 15 次，而银蜻蜓的幼虫将蜕皮 13 次之多。

银蜻蜓的幼虫在 5 月底羽化为成虫，羽化都是在夜间进行。

幼虫喜爱捕食水中的小生物，成虫则以飞翔于空中的昆虫作为捕食的对象。

蜻蜓交配后会在水草的茎部产卵。

水虿。

幼虫头部附近的外皮会裂开，成虫从裂缝中爬出，然后开始伸展翅膀和腹部。

金钟儿

金钟儿和蟋蟀同类。秋天产的卵必须经历冬季，到了第2年的5月或6月才孵化成幼虫。刚孵化的幼虫身上覆盖着一层薄皮，待幼虫爬出地面后便开始蜕皮。

幼虫喜爱躲在石头背面、树荫或落叶下的阴暗处，嫩叶、茎或未成熟的果实都是幼虫的主要食物。

幼虫的体型和成虫很相似，但刚孵化的幼虫并无翅膀，稍后才会长出小型的羽翅，经过6至7回的蜕皮之后，幼虫便成为成虫。

1龄幼虫的体长约3毫米，终龄幼虫的体长约16毫米。在土壤中，幼虫的复眼为白色。随着羽化时期的到来，复眼会逐渐呈现深褐色。

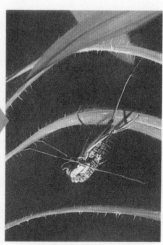

卵零星散布于土壤中。

刚孵化的幼虫。

紧紧攀附在草上，头朝下并开始蜕皮。

背部裂开，成虫由裂缝钻出。

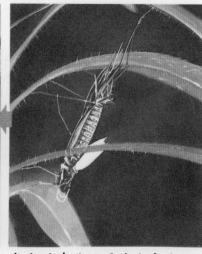

溪水中的雄虫。

成虫的身体已全部钻出，开始伸展雪白的翅膀。

成虫的身体已露出大部分。

整理——昆虫的生长方式

■ 纹白蝶

纹白蝶经由卵→幼虫→蛹→成虫等不同阶段慢慢地成长，这种成长方式叫作完全变态。幼虫喜爱摄食卷心菜的叶片，成虫则喜爱吸食花蜜。除了纹白蝶之外，其他的蝶类、蛾类、独角仙或蜜蜂等也都是依照卵→幼虫→蛹→成虫的方式逐渐成长。

在完全变态的过程中，幼虫、蛹或成虫各阶段的形态都不相同。另外，因为昆虫的种类很多，每种昆虫的卵、幼虫、蛹以及成虫各时期的时间长短也不一样。

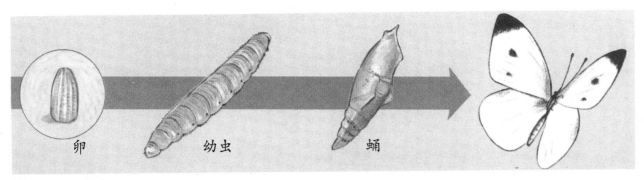

卵　　　　幼虫　　　　蛹

■ 蝉、蜻蜓

蝉、蜻蜓或金钟儿等昆虫经由卵→幼虫→成虫的阶段慢慢地成长，其中并没有经过蛹的阶段，这种成长方式叫作不完全变态，在不完全变态的过程中，幼虫和成虫的形状差异并不像完全变态时那么明显。

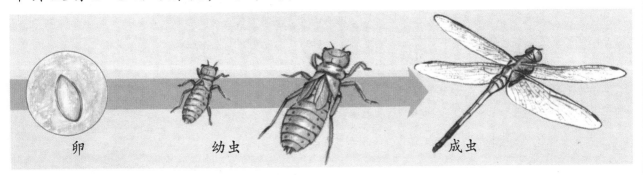

卵　　　　　　幼虫　　　　　　　　成虫

■ 昆虫的繁殖方式

大体来说，昆虫的一生是由卵来展开序幕的。在众多的昆虫中，有些如雌蚜虫一般不必交尾即可生出幼虫，这叫作"孤雌生殖"。另外，秋季来临后，雌蚜虫也能和雄蚜虫交配并开始产卵。昆虫在生长的各个过程中会遭遇许多天敌，即使长大为成虫也依旧会遇到不同的天敌。

1 鱼类和蛙类的生长方式

花鳉鱼的生态

● 野生的花鳉鱼

平常售卖的花鳉鱼多为红色，但是，如果到野外的溪水或小河中仔细观察，却能见到黑色的野生花鳉鱼。花鳉鱼的全长3到4厘米，这种小鱼是小孩很喜爱的鱼类之一。

花鳉鱼喜爱聚集于水流比较缓慢的浅水处，池塘边水草茂密的地方也是它们经常活动的场所。另外，它们也时常成群结队地在水面附近悠游。

花鳉鱼不容易受到惊吓，所以外物靠近时多半不会逃避。即使躲避起来，不久之后会再度出现，因此可以接近它们并仔细观察它们的生态习性。

聚集在沟渠附近的花鳉鱼。
在水草周围悠游的花鳉鱼。

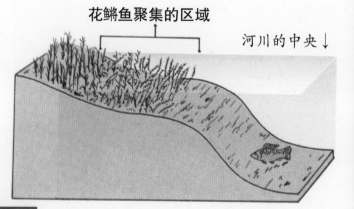

花鳉鱼聚集的区域

河川的中央↓

◉花鳉鱼的饲养方式

如果用鱼缸饲养花鳉鱼，可便于仔细研究与观察。倘若找不到野生的花鳉鱼，也可以饲养米鳉鱼。米鳉鱼是由野生花鳉鱼演变而成的观赏鱼，这种鱼很容易饲养。

饲养花鳉鱼时可用大小不同的容器，但为了观察鱼群的活动情形以及产卵习性，最好用大型的鱼缸来饲养。另外，在鱼缸中加水时不可以直接使用自来水，必须把自来水注入容器并放置一天之后再行使用。换水时不可以一次全部更换，每次大概只换一半的水量即可，同时，水的温度应尽量保持一致。

食饵可以采用市面上常见的金鱼食饵或海蛆，饲料不要放置太多，鱼缸里的水才不会混浊或发臭，也不可以让饲料沉积于水底。

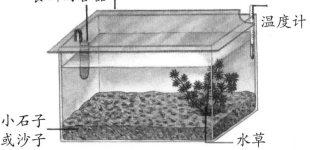

食饵的容器　毛玻璃等制成的盖子　温度计　小石子或沙子　水草

🐟动脑时间

捕食蚊子幼虫的鱼　有一种食蚊鱼长得和花鳉鱼很相似，所以很容易混淆。食蚊鱼可以在较脏的水中生活，喜爱捕食蚊子的幼虫——子孓。这种鱼类原本居住在北美，有些地区为了消灭蚊虫还特地引进这种鱼类，所以食蚊鱼可以说是蚊子的大天敌。

雌花鳉鱼（上）和雄花鳉鱼（下）。

◉ 花鳉鱼的身体特征

花鳉鱼的体型和鲫鱼或鲤鱼有极大的差异，花鳉鱼的头部和背部看起来很平坦，背鳍和尾鳍附近的部分则稍微向下垂，腹部向下突出，嘴部微上翘。这些身体特征可以帮助花鳉鱼在水流缓慢的小河或池塘的水面附近悠然地生活。

花鳉鱼的眼睛很大，位于头部上方。

花鳉鱼（或米鳉鱼）的侧面图

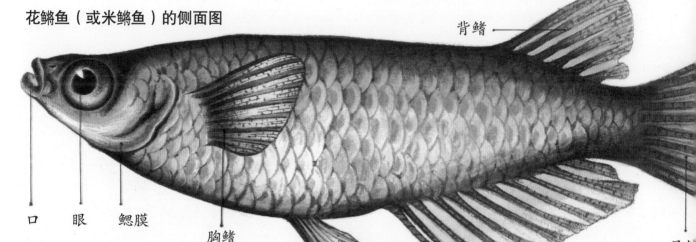

口　眼　鳃膜

胸鳍
腹鳍
臀鳍
尾鳍

背鳍

🍁 **动脑时间**

鱼的体型与生活的关系　只要观察鱼的体型，便可大略了解它们四周的环境。例如鱵的嘴部下侧突出，身体细长，适于在海面附近捕食小型生物。金枪鱼、鲣鱼及鲛鱼等的流线型体型适合在大海中奋力来回游动。鲨鱼或比目鱼的身体下侧较为宽阔平坦，经常待在水底，很少来回游动。另外还有许多鱼类的体型和鲷或鲫鱼类似，这些鱼类的游水能力虽然不及金枪鱼，但却可以迅速改变身体的方向，所以能在水中自由地来回游动。

鱵
由正面所见的形状

真鰕鯱　真鲷
金枪鱼
比目鱼　鲇鱼

●鱼群生态习性

如果在大鱼缸里饲养许多花鳉鱼，花鳉鱼会组成若干个小群在鱼缸里游动。你可以用水草或小石子等做记号，并仔细观察它们的动态。

实验 在流动的水中，花鳉鱼如何游动身体？

把水注入脸盆中，并放入数尾花鳉鱼，再用手以画圆圈的方式划动盆中的水，然后观察花鳉鱼的游水方式。如果改变水流的旋转方向，花鳉鱼的游水方式有何改变？另外，你也可以在户外的小河边观察花鳉鱼在水流中的游动情形。

花鳉鱼会成群结队逆流而游，如果改变水流的方向，它们依旧会逆流游动。

水流的方向

实验 在鱼缸里放置镜子或玻璃，并观察花鳉鱼的活动情形。

把一条花鳉鱼放入鱼缸里，并在里面放置一面镜子。
◆花鳉鱼会沿着镜子并挨近自己的身影游动。接着，放入两条花鳉鱼，并用平板玻璃隔开，看看花鳉鱼的活动情形。
◆两条花鳉鱼会隔着平板玻璃相对，或隔着玻璃贴近对方游动。

要点说明

花鳉鱼是居住在田间、小河或池塘中的小型鱼类。它们经常出现在浅水处或水面附近，深水处或水流湍急的地方并不适合花鳉鱼居住。花鳉鱼很少单独行动，它们喜爱群居的生活，经常寻求同伴并群集一起。

花鳉鱼的食物

◉ 进食的情形

面包、煮蛋以及热带鱼的食饵等都是花鳉鱼喜爱的食物，你可以把这些食饵放入鱼缸里并观察花鳉鱼的进食情形。花鳉鱼的视觉很敏锐，可以发现人类肉眼看不到的小东西或食饵。它们看到食饵后便马上游近目标，并把食饵吸入口中。如果食饵过大，花鳉鱼会反复吸入并吐出食饵。如果是海蛆般的长条

花鳉鱼进食的情形。

物体，花鳉鱼便扭动嘴部并把物体撕碎再加以吞食。以上谈的是花鳉鱼在鱼缸中的进食方式。那么，田间或小河中的野生花鳉鱼喜爱吃些什么呢？它们的进食方式如何呢？

〔观 察〕 汲取池塘或田间的水，看看水中有些什么东西。

带着容器到花鳉鱼时常出现的池塘或小河边汲水，并仔细观察水中的物质。肉眼无法看清池塘或河水中的小东西，若用容器装一些河水或池水，说不定可以发现花鳉鱼的食物漂浮于水中。另外，你可以用烧杯装些池水或河水，并透过阳光的照射来观察烧杯中的情形。也可

以将烧杯放在黑色或白色的纸上，并由上方仔细观察。细心观察后你会发现一些绿色的小颗粒和蠕动的小虫，这时再把花鳉鱼放入杯中，你便可以观察花鳉鱼进食的情形了。

◆池塘或小河的水中有许多小虫般的生物，它便是花鳉鱼捕食的对象。

透过阳光详加观察。

把花鳉鱼放入杯中并由侧面观察。

◉过滤之后再做调查

花鳉鱼捕食的小虫究竟是什么呢？你可以多装取一些池水或河水，并把水加以过滤以便收集这些小生物。如果利用右图中类似的集水装置或滤纸来过滤水中的生物，便可作更详细的观察。

如果可供汲水的池塘或小河距离很远而不方便运送，可以把集水装置带到池边或河边，并用集水瓶来收集。

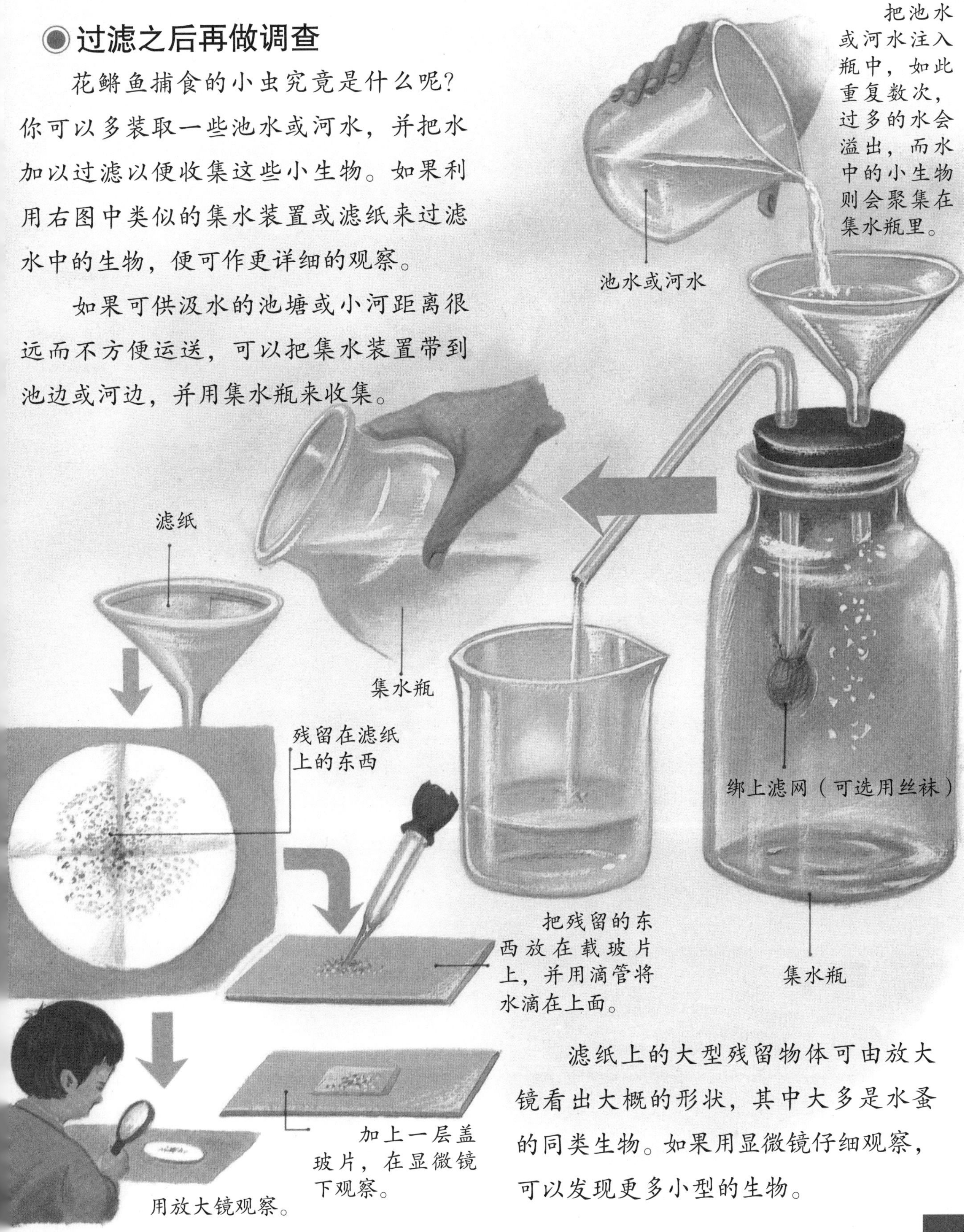

把池水或河水注入瓶中，如此重复数次，过多的水会溢出，而水中的小生物则会聚集在集水瓶里。

池水或河水

滤纸

集水瓶

残留在滤纸上的东西

绑上滤网（可选用丝袜）

集水瓶

把残留的东西放在载玻片上，并用滴管将水滴在上面。

加上一层盖玻片，在显微镜下观察。

用放大镜观察。

滤纸上的大型残留物体可由放大镜看出大概的形状，其中大多是水蚤的同类生物。如果用显微镜仔细观察，可以发现更多小型的生物。

◉水中的小生物

右图是显微镜下可见的各种水中生物的形状，除这些生物之外，在不同的季节或不同的场所，还能见到其他不同的水中生物。

用滴管吸取滤纸上收集的小生物，再把这些小生物放入鱼缸里并观察鱼缸里的情形。此时，花鳉鱼会聚集过来并尽情享受这些美食。由此我们得知，这些小生物便是野生花鳉鱼的捕食对象。

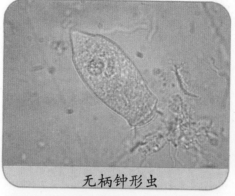

无柄钟形虫

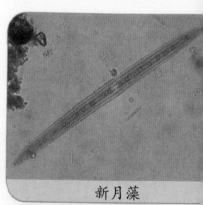

新月藻

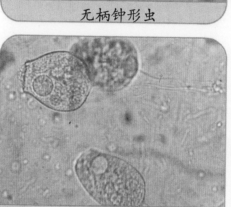

钟形虫

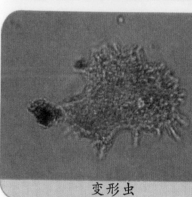

变形虫

在这些小生物当中，有些呈现绿色，例如硅藻类。这些都是比水蚤还小型的生物，因为具有叶绿素，所以身体呈现绿色。马铃薯可以利用绿色的叶片制造淀粉，同样，这些小生物也可以在阳光的照射下，利用身上的叶绿素制造身体所需的养分。

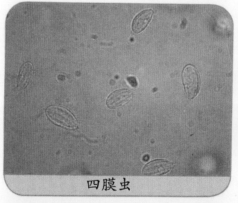

四膜虫

葛仙米藻

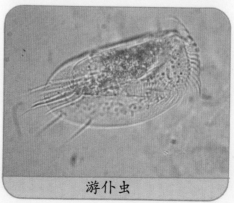

游仆虫

孑孓

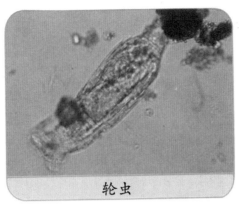
硅藻

轮虫

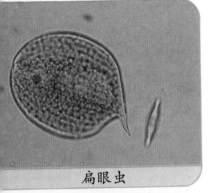
扁眼虫

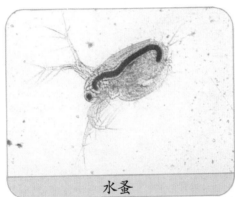
水蚤

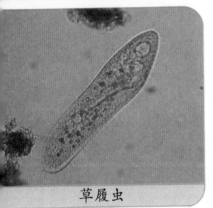
草履虫

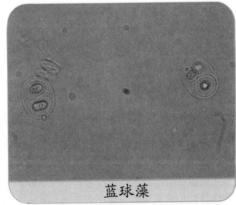
蓝球藻

颤藻

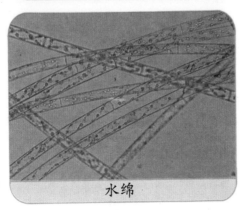
水绵

◉ 生物与生物间的关系

　　花鳉鱼无法自行制造养分，所以必须捕食外物才能生存。水蚤也无法自行制造养分，水蚤的食物是硅藻，而硅藻能够自行制造养分。

　　另外，花鳉鱼或水蚤的排泄物及尸体分解之后会溶于水中，这些物质便成为硅藻或其他水草的养分。

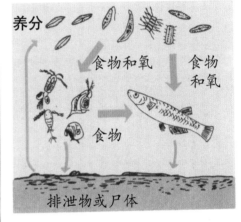

养分

食物和氧　　食物和氧

食物

排泄物或尸体

要点说明

　　花鳉鱼居住的池塘或小河中有各种不同的小生物，花鳉鱼以捕食这些小生物维生。我们可以用集水瓶或滤纸来采集这些小生物。这些小生物虽然很难用肉眼看出，我们却可以通过显微镜来详细观察。

花鳉鱼的产卵习性与卵的成长方式

◉ 花鳉鱼的雌与雄

在温暖的鱼缸中，如果花鳉鱼经常成双并排游动或成双相互追逐，这表示花鳉鱼的产卵期即将到来。

当产卵期接近时，雄鱼常从下方向上方追赶雌鱼，或者靠近雌鱼并排地游动。这些行动都出现在清晨，所以必须早起才能进行观察。在上述行动中，我们可以轻易地区分雌鱼和雄鱼，但即使在平常的时候，我们依旧可由其他特征来分辨花鳉鱼的雌鱼和雄鱼。

在水中悠游的雄鱼（上）和雌鱼（下）。

🐟 动脑时间

雌鱼和雄鱼 通常，我们很难从外表来分辨鱼类的雌雄，但是花鳉鱼的雌、雄却可由外表区分出来，这是很少见的特例。有些鱼类在产卵期到来时，身体会显现出特别的色调，所以在这时候比较容易区分雌雄。例如鳉的雄鱼色彩会泛红，中国华鲹鱼的雄鱼会呈现黑色的色调，而平颌鱲除了身体变色外，还会出现粉刺般的粒状物。

📢 观察 区分雌鱼和雄鱼。

雌鱼和雄鱼的鱼鳍各有不同的特征，其中又以臀鳍和背鳍最为明显。你不妨仔细地观察看看。

雄鱼的臀鳍比较宽大，形状很像平行四边形，而背鳍上有凹入的刻痕。雌鱼的臀鳍尾端较窄，形状类似三角形，背鳍比较圆滑，没有凹入的刻痕。

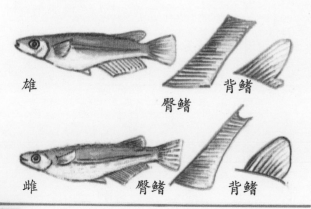

雄　　臀鳍　　背鳍

雌　　臀鳍　　背鳍

平时的平颌鱲（雄）

产卵期的平颌鱲（雄）

平颌鱲身上的粒状物

雄鱼帮助雌鱼产卵，并让卵受精。

雌鱼游水时，腹部还附着许多鱼卵。

◉产卵行动

雄鱼追到雌鱼后，便用尾鳍和臀鳍挟住雌鱼的身体。此时，雌鱼的腹部上黏附着鱼卵。雄鱼会帮助雌鱼继续产卵，并让产下的卵受精。雌鱼带着卵游动一会儿之后便在四周的水草上摩擦身体，以便让腹部上的卵附着于水草上。

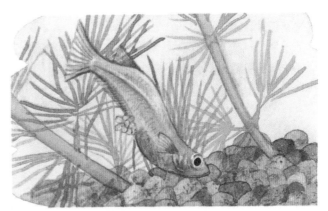

在水草上摩擦，让卵附着于水草上。

> **实 验** 改变水温并比较花鳉鱼产卵的方式。

天气太冷或温度太低时，花鳉鱼不会产卵，待环境温度变暖之后，花鳉鱼便开始产卵。那么，如果把鱼缸里的水温大幅提高，花鳉鱼是不是会产下许多卵呢？

先准备两个鱼缸，其中一个加装温度调节器和发热器，水温保持在25℃左右。另一个鱼缸则维持自然的状态。接着，在两个鱼缸中摆放海蚓等食饵，然后比较两个鱼缸中的花鳉鱼产卵情形。

由上面的实验得知，在25℃的鱼缸里，花鳉鱼的产卵次数比另一个鱼缸多出许多。花鳉鱼在20℃至30℃的水温中皆可产卵，但是最适合花鳉鱼产卵的温度则是25℃左右。

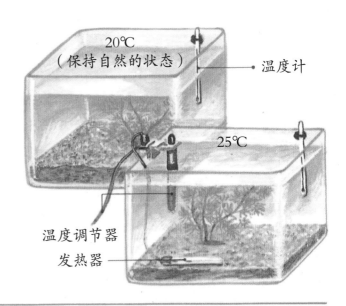

◉ 卵的成长方式

花鳉鱼的鱼卵如何孵化成小鱼呢？我们可以通过显微镜来加以观察。先用剪刀剪下附着鱼卵的水草，然后把水草摆在培养皿中，培养皿里必须注入干净的水。尽可能避免让水草与空气接触，观察时也必须留意这一点。观察完之后，把水草放入大鱼缸里，并注入新鲜的水。

（右边的观察是在水温25℃的情况下进行的。）

显微镜的使用方法

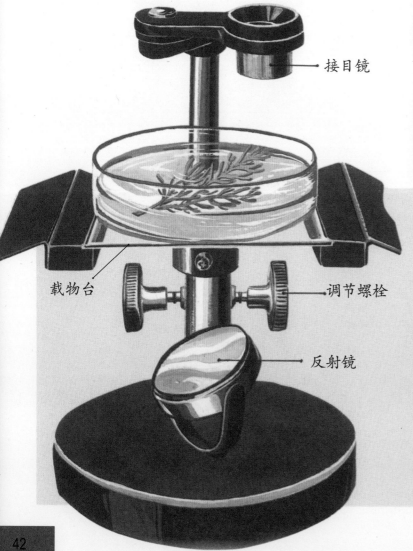

载物台

调节螺栓

反射镜

接目镜

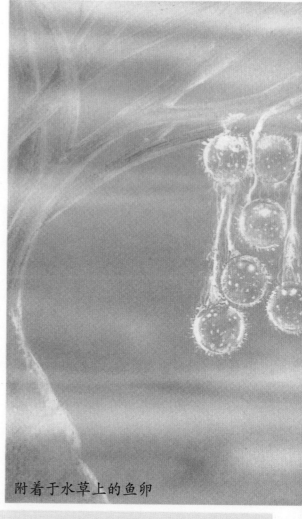

附着于水草上的鱼卵

❶把显微摆在明亮的窗边，但应避免直射的阳光。摆放显微镜的台子必须固定且不易摇晃。
❷从接目镜进行观察时，可以随意改变反射镜的方向，以调节亮度。
❸把盛装花鳉鱼卵的培养皿放在显微镜的载物台中央。
❹调整接目镜的位置，并从接目镜观察鱼卵。利用调节螺栓来调节接目镜并核对焦点。

调低接目镜时，不可以让接目镜碰触水面或培养皿，所以调整时最好由侧面观察接目镜和培养皿的距离。

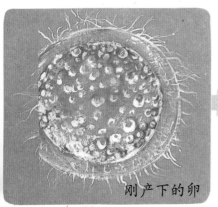

刚产下的卵

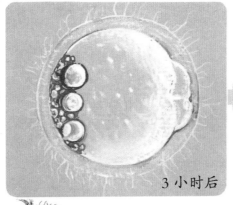

3 小时后

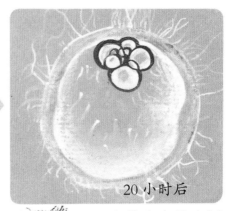

20 小时后

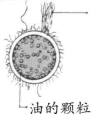

缠绕的丝

油的颗粒

卵的直径约 1.3 毫米，有长丝缠绕并附着于雌鱼的腹部，稍后会附着于水草上。

细胞分裂为 4 个。油的颗粒聚集一起。

鱼体在卵的内侧转动。

细胞的数目增加且扩大。

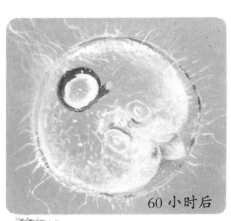

60 小时后

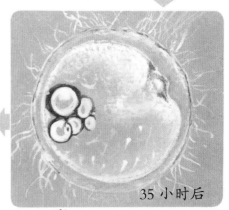

35 小时后

头部变大，眼部清晰可见。

脊骨部分已经形成，并且长长地伸展。

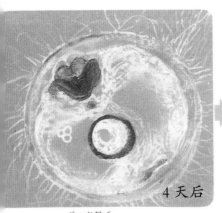

4 天后

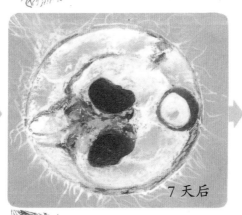

7 天后

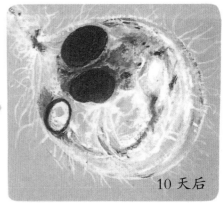

10 天后

眼部变大并呈现黑色。

心脏

心脏血液的流动

身体变大，可清楚观察出心脏及血液的流动。

身体明显扩大，偶尔可见鱼鳍的晃动。

◉ 小花鳉鱼的诞生

小花鳉鱼的鱼体在卵中明显扩大之后，每天的变化情形便不太明显。但是鱼体在卵内转动的速度却愈来愈快，由此可知小花鳉鱼即将诞生。刚挣破卵膜的小花鳉鱼身体呈透明状，长约4毫米，

腹部还带着装有卵黄的袋子。小花鳉鱼的鳍很小，所以不善于游泳。初生的小花鳉鱼还不能吃食饵，当卵黄的袋子变小之后，小花鳉鱼的行动会变得较为灵活。2~3天后，小花鳉鱼便可以开始自行摄取食饵。

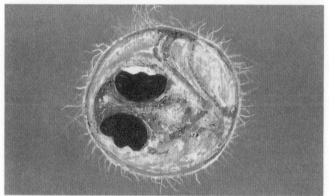

11天后即将孵化的卵。

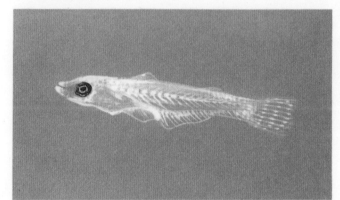

孵化1个月后的小花鳉鱼。

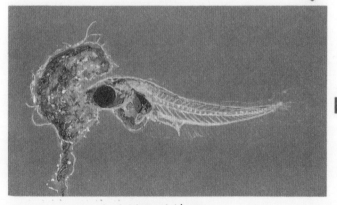

11天后孵化的情形。

孵化3天后的小花鳉鱼。

孵化后经过1周。遭遇危险时便潜入水草中。

◉卵的成长与水温的关系

由前面的实验来看，花鳉鱼的卵大约经过 11 天便可孵化出小鱼。这是在水温 25℃ 的情况下所进行的实验，25℃ 是最适于产卵的温度。但是，在自然的状态下，水温有时会低于 25℃。夏季时，水温有时会高于 25℃。在不同的温度下，鱼卵的成长会产生什么变化呢？我们可以利用下面的实验装置来观察一下。由实验得知，水温较高时，鱼卵的成长较快，但整个成长的顺序与过程并没有改变。下图显示了不同水温中鱼卵的成长情形。水温 30℃ 时，鱼卵的成长最为迅速，但死亡的鱼卵却比水温 25℃ 时多。所以，最适合鱼卵成长的水温也是 25℃ 左右。下图标注的成长日数，是指水的性质或水中的氧气等条件都在最佳的情况下时，鱼卵成长所花费的日数。但是，在一般的自然状态下，鱼卵的成长速度通常会慢一些。

实验　改变水温后再进行调查。

在塑料容器底部凿一些小洞，让水能够流通，然后把塑料容器安装在方木料上，方木料则漂浮于鱼缸中。准备 2 个上述的鱼缸。并利用发热器和温度调节器，让鱼缸中的水温分别保持 20℃ 和 30℃。接着把鱼卵放在塑料容器里，然后观察两个鱼缸中鱼卵的成长差异。

在 30℃ 的水温中，鱼卵于 8 天后开始孵化。在 20℃ 的水温中却需要 17 天以上才能孵化。另外，在这 2 个鱼缸中均有许多死亡的鱼卵。

温度计　凿洞　方木料

温度调节器

用图钉固定

发热器

花鳉鱼鱼卵的成长与水温的关系

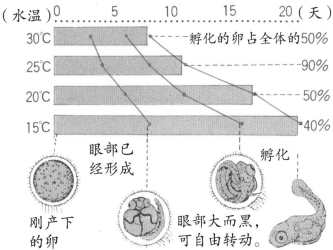

刚产下的卵　眼部已经形成　眼部大而黑，可自由转动。　孵化

要点说明

25℃ 的水温最适合花鳉鱼产卵，鱼卵会附着于水草上，如果温度适当，通常在 10 至 20 天后鱼卵会孵化成小鱼。另外，最适合鱼卵成长的水温也是在 25℃ 左右。为了做进一步的研究，可以通过显微镜来观察受精卵的成长状况。

各种鱼类的成长方式

鱼类通常经由产卵来繁衍后代。雌鱼产卵之后，雄鱼便让白色的液状物（精子）沾在卵上，这个步骤叫作受精。受精后的鱼卵在适当的水温下，可以依赖卵黄的养分慢慢成长，经过复杂的变化过程后，鱼卵终于孵化出小鱼。现在，让我们一起来观察各种鱼类的成长方式。

◉ 鲑鱼的产卵习性和生长方式

鲑鱼是生活于北太平洋的鱼类，成长之后全长有 60 至 80 厘米。它们一生的大部分时间（约 3 至 5 年）在海中度过，产卵则在河川中进行。孵化后的小鱼在稍大之后会回到海中，小鱼在长大后，便游回自己曾经生长的河川中产卵。

成长中的卵 在 8℃ 的水温中，产卵后 30 天左右（拨开卵石所见的情景）。

孵化 产卵后约 60 天，卵膜破裂并孵出幼鱼。

在卵石间穿梭的幼鱼孵化后依旧留在产卵床的石堆中，吸取卵黄的养分慢慢成长。

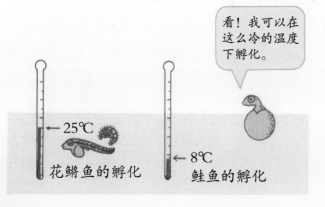

看！我可以在这么冷的温度下孵化。

← 25℃ 花鳉鱼的孵化

← 8℃ 鲑鱼的孵化

鲑鱼在北太平洋的洄游路线

挖掘河床 在上游寻找干净的涌水处所，并在沙石的底部产卵。雌鱼用鱼鳍推开小石头以便挖洞。

产卵 雌雄并一起，雌鱼产卵时，雄鱼也放出精子让卵子受精。稍后，雌鱼会推动小石头来掩埋鱼卵。

游出产卵床的幼鱼 孵化后约 60 天，卵黄已被完全吸收，长成的幼鱼开始组成鱼群。

河口附近的幼鱼群 捕食鱼饵后幼鱼恢复了体力，并于 4 至 5 月时游向海中。

动脑时间

鲑鱼的人工孵化 鲑鱼是相当重要的水产资源，为了保护这项资源，有些地方便采用人工繁殖技术来培养幼鱼，等幼鱼稍大后再放到海中。人工繁殖技术是从成熟的雌鱼体内取得鱼卵，让鱼卵和雄鱼的精子受精，然后把鱼卵放在最适当的水温水质中等待孵化，如此即可获得为数众多的幼鱼。等幼鱼稍微长大后再从河川中放出，大约 4 年后，这些幼鱼长大准备产卵时还会回到原来的河川。

从雌鱼腹部取出卵，再加上精子使它受精。

◉ 棘鱼的产卵习性

中华九刺鱼是棘鱼的同类，体长5厘米左右，它们习惯在巢中养育鱼卵。每当产卵期到来时，雄鱼便开始寻找自己的势力范围，并在势力范围中堆积水草以便筑巢。巢筑好之后，雄鱼便引雌鱼到巢中产卵。等产卵结束后，雌鱼会自行离去，雄鱼则留下来照顾鱼卵，并用胸鳍为鱼卵输送新鲜的水分，同时还能把接近鱼卵的天敌赶跑。大约经过20天，巢中的幼鱼便陆续诞生了。

中华九刺鱼的雄鱼正在运送水草的叶片 收集草茎、叶片等作为筑巢的材料。

筑巢 利用身体分泌的黏液来筑巢。

把雌鱼（下）引进巢中 指示巢的入口并催促雌鱼入巢。

巢中的鱼卵

产卵的瞬间 雄鱼轻触巢中的雌鱼，雌鱼一面抖动身体一面产卵。

利用胸鳍为鱼卵输送新鲜水分

孵化后的幼鱼

⦿ 产卵和育子的各种习性

在贝类的体内产卵　鳑鲏的同类雌鱼都有长长的产卵管，它们经常把产卵管插入文蛤的水管中产卵。因为鱼卵存于文蛤的鳃内，所以能够不断地获得新鲜的水分。又因为文蛤守护着鱼卵，所以鱼卵得以安全成长。

在口中孵育　半纹天竺鲷的同类或尼罗鱼等鱼类的雌鱼会把卵块含在口中借以保护鱼卵。卵孵化后，幼鱼如果碰到天敌也会迅速逃入成鱼的口中，有时成鱼因此无法摄食而逐渐地消瘦。

在成鱼的育儿袋中孵育　雄海马的腹部有育儿用的皮囊，雌鱼把卵产在皮囊中，雄海马便负责看顾鱼卵，鱼卵会孵出长约 1 厘米的小海马。

在成鱼体内孵育　海鲋或红鳉等鱼类的雌鱼不会把卵产在体外，鱼卵会在雌鱼的体内孵化成幼鱼。幼鱼稍大之后才被产于体外，此时幼鱼已能来回自行游动。通常，这种鱼类的幼鱼数量并不多。

鱼卵的数量很多　采用上面特殊产卵方式的鱼类只占全部鱼类的极小部分，大多数的鱼类在产卵后便对卵置之不顾，所以鱼卵经常遭受其他动物捕食。为了留下后代，一般的鱼类每次均会产下大量的鱼卵。

鳑鲏的雌鱼把卵产在河蚌体内　在后面等待的雄鱼会射出精子让贝壳中的卵受精。

尼罗鱼的雌鱼和幼鱼　碰到危险时，雌鱼会低下头或发出声音来传送信号，幼鱼便逃入雌鱼的口中。

正在生产幼鱼的海鲋　幼鱼的数量很多，大概 10 至 30 条。

例如鲤鱼每次产卵约 30 万枚，鳗鱼每次产卵 300 万枚，鳕鱼 1000 万枚，而翻车鱼据说每次可产 3 亿枚左右的鱼卵。

⬡ **要点说明**

鱼类在水中产卵来繁衍后代，鱼卵在适当的水温中慢慢发育，最后孵化成幼鱼。鱼的种类很多，所以产卵的方式或鱼卵成长所需的适当水温等都稍有不同。

青蛙的生长方式

◎蟾蜍的产卵习性

通常，炎热的夏季是青蛙活动最频繁的季节，但有些青蛙会在寒冷的季节里产卵。蟾蜍在2月时会由冬眠中醒来，并开始寻找产卵的场所。青蛙的产卵场所多半是在田间或浅水的池中，许多青蛙都聚集在这些地点产卵。产卵时，雄蛙会抱住雌蛙并催促雌蛙产卵，然后再让蛙卵受精。产卵后，青蛙们便藏起来继续冬眠。水中则留下许多带状的胶质物，这些胶质物里包覆着许多蛙卵，蛙卵会慢慢地成长。

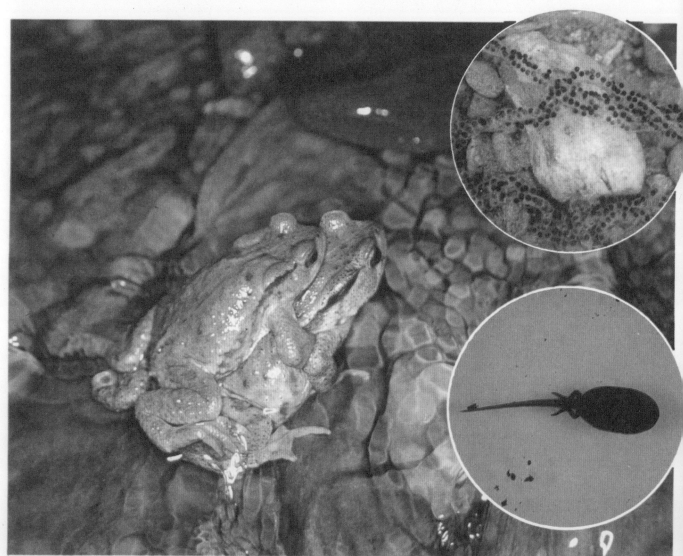

交配中的盘古蟾蜍。右上图为盘古蟾蜍卵块，右下图为盘古蟾蜍蝌蚪。

◉台北树蛙卵的生长方式

我们可以以台北树蛙为例，观察一下卵的成长情形。胶质物中有许多树蛙卵，每一枚卵的直径约2毫米，略呈球形。蛙卵经过复杂的变化后会成为蝌蚪。蝌蚪的体型较大，所以易于观察其成长的情形。

假交配中的台北树蛙。

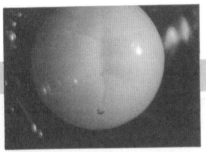

分裂成8个细胞。

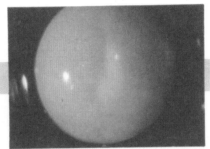

分裂成4个细胞。

分裂成2个细胞。

陆续分裂后成为无数的细胞。

神经或背脊等组织开始形成。

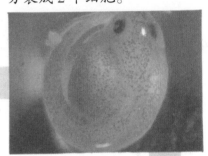

可看到长成的眼睛。

终于长成的蝌蚪。

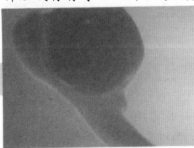

身体继续伸展。

台北树蛙幼蛙。

鳃藏入体内，尾部变长。

长出后腿。

长出前腿。

尾部变短。

◉ 产卵期和产卵场所

谈到青蛙时，我们或许马上联想到田间的蛙鸣声。蛙鸣是雄蛙呼叫雌蛙时所发出的声音，这种声音只有在产卵期才听得到。

青蛙的产卵期通常在春天和夏天，蛙卵孵化出蝌蚪后，蝌蚪便在温暖的水中慢慢成长。2月和8月的水温虽有很大的差异，但对各种蛙类来说，都是产卵和育卵的最适当季节。

蛙类的产卵场所各有不同，但任何蛙类的幼虫都必须在水中生活，所以产卵场所均离水不远。依照青蛙种类的不同，每种蛙卵孵化成蝌蚪所需的天数也不一样，例如2月产卵的蟾蜍需40天左右，而6月产卵的黑斑赤蛙则只需15天便能孵化出蝌蚪。

台北树蛙的假交配姿势。白色泡沫是由雌蛙用后腿交互踢打其所分泌的黏液，混合空气而形成的。

还带有尾巴的小台北树蛙，已迫不及待爬向陆地。

雄蛙借着叫声可吸引雌蛙。

台北树蛙的蝌蚪（身体颜色较淡者）必须在水中生活，以植物性食物为食。

赤尾青竹丝是台北树蛙的天敌。

要点说明

青蛙的产卵期介于初春到夏季之间，蛙卵孵化后便成为蝌蚪。蝌蚪有鳃，可以在水中生活。蝌蚪的外形及生活形态和鱼类似，它们会慢慢地长出腿来，尾部则会逐渐缩短。当蝌蚪变成幼蛙后便纷纷到陆地上，并开始用肺呼吸，但不会远离水源。

整理——鱼类和蛙类的生长方式

花鳉鱼的身体与生活形态

花鳉的体型很小，居住在池塘或小河中，温度变暖时便开始活跃起来。雌、雄可由臀鳍或背鳍的形状进行区分。米鳉鱼是和花鳉鱼类似的观赏鱼，可用观察花鳉的方式加以详细观察。

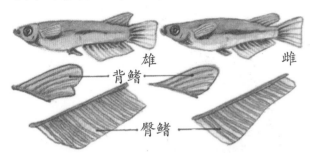

雄　　　　　　　雌

背鳍

臀鳍

花鳉鱼的产卵习性和卵的生长方式

当天气暖和时，花鳉鱼便大量地产卵。受精后的卵在适当的水温中慢慢地孵化成幼鱼。最适合产卵和生长的温度是25℃左右。水温较高时，卵的成长也较快，但卵的孵化过程不变。

鱼的种类很多，每种鱼卵的成长适温也不相同。例如鲑鱼的鱼卵生长适温约为8℃，比花鳉鱼低了许多。

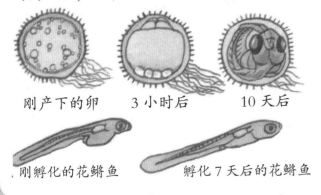

刚产下的卵　　3小时后　　　10天后

刚孵化的花鳉鱼　　孵化7天后的花鳉鱼

青蛙的成长方式

青蛙所产的卵全部包覆在胶质物中，蛙卵逐渐成长后便成为蝌蚪。蝌蚪有鳃和鳍状的尾巴，可以在水中自在地生活。慢慢地，蝌蚪的体型会逐渐改变成适合陆地生活的形态。

水中的小生物

水中有许多肉眼看不见的小生物，有些小生物例如硅藻类等都含有绿色的色素，所以可以自行制造养分。

硅藻等是水蚤的食物，水蚤等又是花鳉鱼等鱼类的捕食对象，而花鳉鱼等小型鱼类又是大型鱼类的食饵。另外，这些鱼类或水蚤的排泄物与尸体会慢慢地溶于水中，最后变成硅藻等的养分。大自然的各种生物相互之间都具有很密切的关系。

4 溪谷中各种生物间的相互关系

◉鳟鱼的食物

　　小朋友出外郊游时，应该曾经到过溪谷间游玩吧，溪谷中的水清凉透澈，看起来非常干净，仿佛可以饮用一般。鳟鱼便是居住在溪流中，这种鱼类又被称为溪流中的女王，那么，鳟鱼的食物究竟是什么呢？

　　溪谷的附近、岸边或水面上，常有各种不同的昆虫四处飞舞。蜉蝣、襀翅、蝴蝶或甲虫等经常在水面附近的树枝上停留或徘徊，这时，鳟鱼会

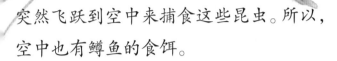

突然飞跃到空中来捕食这些昆虫。所以，空中也有鳟鱼的食饵。

捕鱼人便是利用鳟鱼的这种习性，使用假饵来诱骗鳟鱼上钩。

另外，水中的小鱼也是鳟鱼捕食的目标，但昆虫是主要的捕食对象。如果轻轻地捞起水中的小石子，可以发现小石子上面附着结草虫般的小虫和一些身体扁平的虫类，而这些都是石蚕科或渍翅的幼虫。此外，溪谷中还住着许多我们想象不到的幼虫或成虫，例如蚋、蜉蝣等，而溪谷中的鱼便是以这些昆虫作为生长所需的营养来源。

◉ 水中昆虫的食物

那么，这些水中昆虫是吃什么才得以慢慢长大呢？原来，这些昆虫也和花鳉鱼一样，是以硅藻等小生物为食物，而这些小生物又必须通过显微镜才能清楚地观察到。水中的石头很湿滑，是因为上面附着了许多藻类。蜉蝣、蚋等虫类的幼虫都是吃这类生物慢慢长大，而渍翅和蜻蜓的幼虫则以蚋等昆虫作为捕食的对象，另外，鳟鱼和其他鱼类却以渍翅作为猎食的目标，这就是生物和生物间的互相关系。

◉ 鳟鱼的天敌——山鹬

在溪谷中，鳟鱼算得上是最强的动物。除了在卵或幼鱼时期可能会遭受攻击之外，这种鱼类的成鱼在水中几乎没有任何可以和它们较量的对手。水中的藻类吸收阳光后会自行制造养分并慢慢成长，而这些藻类又是众多昆虫成长所需的食物，而鳟鱼又以众多的昆虫为主要的捕食对象。

鳟鱼在水中虽然没有敌手，溪谷附近的山野中却依然有鳟鱼的天敌存在。例如翠鸟的同类山鹬就常在溪谷上的空中徘徊，并准备找机会捕鳟鱼。

山鹬经常停留在水面附近的树枝上静静守候，一旦鱼儿游至水面附近，山鹬便笔直地冲向水中，捕捉鱼儿。溪谷中藻类所制造的养分便是借着上述一层层的步骤，慢慢地由陆地上的动物来加以利用。

◉ 生物与生物间的关系

山鹬是鳟鱼的天敌，捕食鸟类的老鹰却是山鹬的致命杀手，而行动迟缓的雏鸟是鹰最常攻击的目标。

山鹬捕捉鱼的刹那。

这种以溪谷为中心所形成的摄食关系称为食物网，这个食物网除了包括藻类、山鹬、鹰的食物链外，其中还包含了许多更复杂的食物链，这些食物链还关系着许许多多不同的生物。例如，蜉蝣变为成虫后便在地面上生活，这些成虫和其他原本即在陆地上生活的昆虫都是鸟类的食物。此外，老鼠或鸟类也吃其他各种不同的动物或植物的果实和芽等。而老鼠和鸟类却是蛇、鹰或猫头鹰等动物的主要食物。

上述生物之间的摄食关系都称为食物链。由上述溪谷的食物链中可以看出鹰是该食物链的最后一环，没有其他动物可以捕食凶悍的老鹰。但是，老鹰终究难逃一死。它们的尸体和其他生物的残骸会经由腐化与分解而回到土壤中。至于从事分解工作的生物也是自然界中不可或缺的重要角色。

像这样，自然界中的各种生物都过着溪谷中各种生物的摄食关系息息相关的生活。

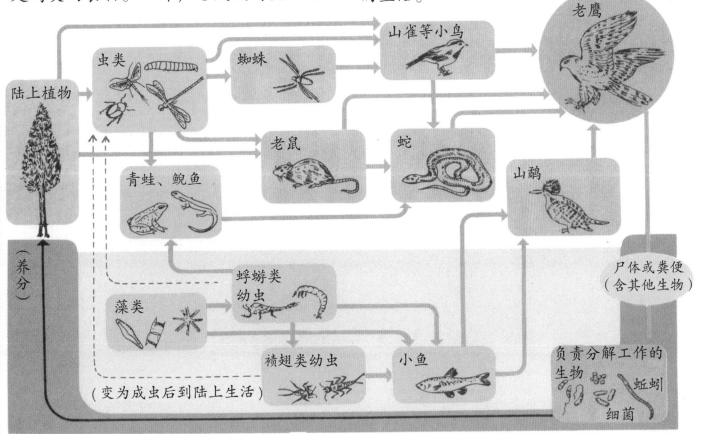

5 我们的身体

运动的意义

从身体的弯曲、伸展到跳跃等动作的展示。

身体的构造

永远保持活动状态的身体

我们的身体几乎整天都处于活动的状态，不论是步行、跑步、举东西、站立、蹲下以及静坐阅读，身体的各个部分都不停地活动着。即使在晚上就寝时，我们也会时常翻身并维持一定的运动量。

那么，我们的身体究竟有哪些构造能够帮助我们运动自如呢？

身体的弯曲和伸展　让身体弯曲、伸展或做其他种种不同的动作就叫作运动。若以肩膀为中心，胳膊可以上下活动，或者由前往左右或往斜后方自由地摆动。除了这些之外，我们的胳膊还可以做哪些动作呢？

实　验　试着弯曲或伸展手腕和胳膊，观察这些部位的活动情形。

手掌朝下并把胳膊伸展到身体的侧面，如果肩膀保持不动，胳膊的哪个部分可以弯曲或伸展呢？弯曲或伸展的情形如何呢？

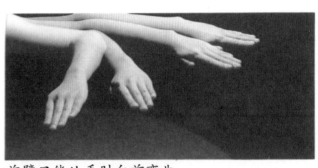

前臂只能从手肘向前弯曲。

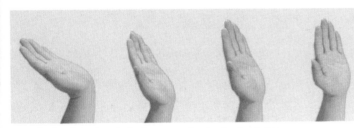

从手腕到指尖的部分可以相当自由地活动。

另外，手腕到手指尖的部分可以做哪些动作呢？

小朋友不妨按照图片上的方式试着做做看，并且仔细地观察。

肩膀不动时，胳膊的手肘部分可以向前弯曲，但却不能朝后或上下弯曲。另外，手腕到手指尖的部分可以自由地活动。若想要翻转手掌，则必须和肘部一起转动。你可以试着做做看。

◆由上面的实验得知，肩部、手肘和手腕等部位可以自由地弯曲或伸展，但胳膊的其他部分却无法自在地活动。另外，因为肩部、手肘或手腕所处部位不同，所以活动的范围或方式也不一样。还有，当我们活动肩膀、手肘或手腕时，附着在骨骼上的肌肉也会跟着活动。

要点说明　我们的身体上有许多不同的关节，利用这些关节，身体才能自由地弯曲或伸展。另外，当这些关节活动时，骨骼上的肌肉也会跟着活动。

肌肉与骨骼的运动构造

单杠 胳膊的弯曲与伸展运动。

●胳膊上的肌肉与骨骼

关节部位的骨骼 用手触摸手肘或手腕，你会发现这些关节部位的骨骼较硬也较大，关节与关节间则由棒状的骨骼连结。

同样地，用手触摸手指时，你也会发现弯曲的关节部位的骨骼较大，其他部分的骨骼均呈棒状。

肌肉与骨骼 我们身体的外部是由皮肤包覆着的，皮肤的内部有许多连结一起的红色肉束，被称为肌肉。

如果把肌肉去除，骨骼便显现出来。肌肉全部附着在骨骼上，而骨骼又有大

小的分别，所以大小骨骼上的肌肉也有所不同。骨骼如果大而强健，附着其上的肌肉也较强健；骨骼如果呈棒状，附着其上的肌肉比较柔软。

另外，肩部、手肘、手腕等部分都有骨骼相互连接，而这些连接的部位便称为关节。

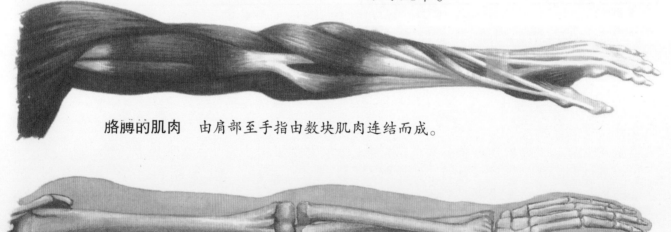

胳膊的肌肉 由肩部至手指由数块肌肉连结而成。

胳膊的骨骼 由肩部至手指由数块骨骼在关节处相互连结而成。

◉ 肌肉的运动

我们已经知道胳膊上有肌肉，而肌肉附着在骨骼上。那么，如果弯曲或伸展胳膊，胳膊上的肌肉会如何活动呢？

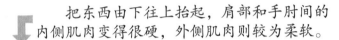
观 察　弯曲或伸展胳膊，并观察肌肉的活动情形。

试着做俯卧撑　肩部和手肘间的外侧肌肉变得很硬，内侧肌肉较为柔软。

➡️

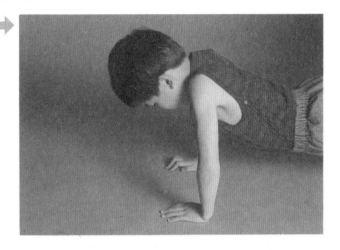

把东西由下往上抬起，肩部和手肘间的内侧肌肉变得很硬，外侧肌肉则较为柔软。

因为胳膊骨骼上的肌肉可以伸缩来带动骨骼，所以胳膊才可以弯曲和伸展。弯曲胳膊所需的肱二头肌在胳膊的内侧，而伸展胳膊所需的肱三头肌则在胳膊的外侧。此外，肱二头肌连接着桡骨，而肱三头肌则连接着尺骨。

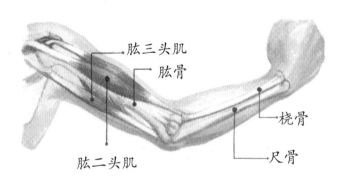

肱三头肌
肱骨
桡骨
尺骨
肱二头肌

◆弯曲胳膊时，肱二头肌因为缩紧而较硬，但肱三头肌因为无须出力所以较软。相反地，当伸展胳膊时，肱三头肌因为紧缩而较硬，肱二头肌则放松而较软。

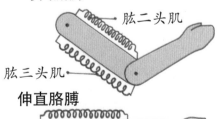

弯曲胳膊
肱二头肌
肱三头肌
伸直胳膊

弯曲胳膊时，肱二头肌会紧缩，而肱三头肌则会放松。相反地，当胳膊伸直时，肱三头肌会紧缩，而肱二头肌则会放松。

●各部分的肌肉

因为肌肉的收缩可以牵动骨骼，所以身体才能做弯曲或伸直等各种运动。那么，身体上有哪些肌肉可以牵引骨骼来活动呢？

实验 活动身体的各个部分并观察肌肉的情形。

弯曲脖子。

举起胳膊。

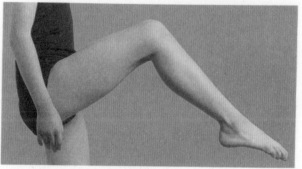

抬起腿部并弯曲膝盖。

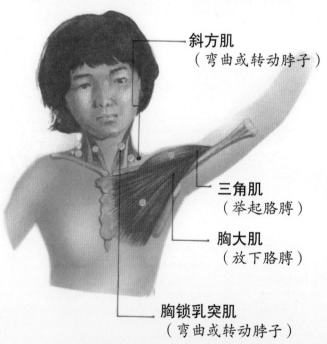

斜方肌
（弯曲或转动脖子）

三角肌
（举起胳膊）

胸大肌
（放下胳膊）

胸锁乳突肌
（弯曲或转动脖子）

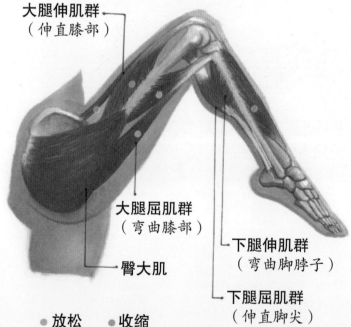

大腿伸肌群
（伸直膝部）

大腿屈肌群
（弯曲膝部）

臀大肌

下腿伸肌群
（弯曲脚脖子）

下腿屈肌群
（伸直脚尖）

● 放松　● 收缩

牵引骨骼的肌肉都是由具有相反作用（如伸直或弯曲）的肌肉所组成的。通常，伸直骨骼的肌肉叫作伸肌，弯曲骨骼的肌肉称为屈肌。

屈肌紧缩时伸肌便放松，而伸肌紧缩时屈肌便放松，伸肌和屈肌便是依照这种方式共同合作。我们的身体有了这种良好的调节，所以能自由地活动。

◉关节的构造

关节是骨骼和骨骼的连接部分，当肌肉紧缩时关节便可活动。肩部、手肘、手腕等部位都有骨骼相接，所以关节的部位可以伸直或弯曲。另外，关节的交接点还有所谓的软骨，软骨不仅柔软还具有弹性，在进行剧烈的活动时可作为缓冲之用。

我们的身体由许多部位组成，各部位关节的活动方式也不太一样。

各种关节

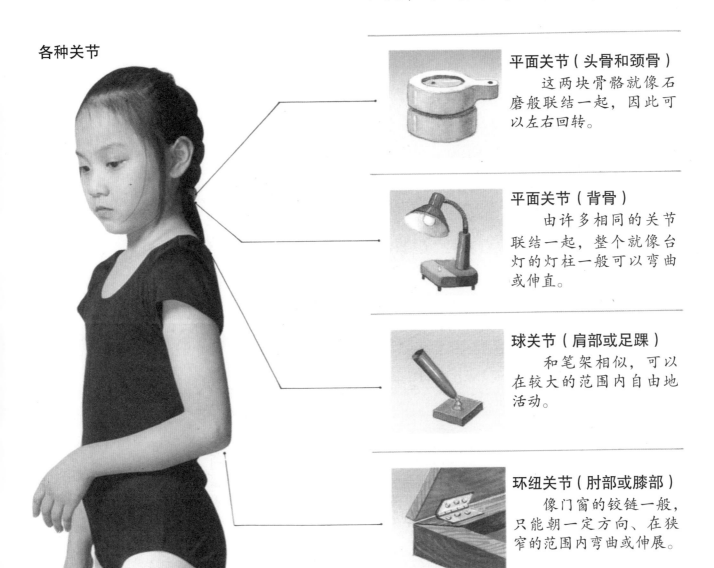

平面关节（头骨和颈骨）
这两块骨骼就像石磨般联结一起，因此可以左右回转。

平面关节（背骨）
由许多相同的关节联结一起，整个就像台灯的灯柱一般可以弯曲或伸直。

球关节（肩部或足踝）
和笔架相似，可以在较大的范围内自由地活动。

环纽关节（肘部或膝部）
像门窗的铰链一般，只能朝一定方向、在狭窄的范围内弯曲或伸展。

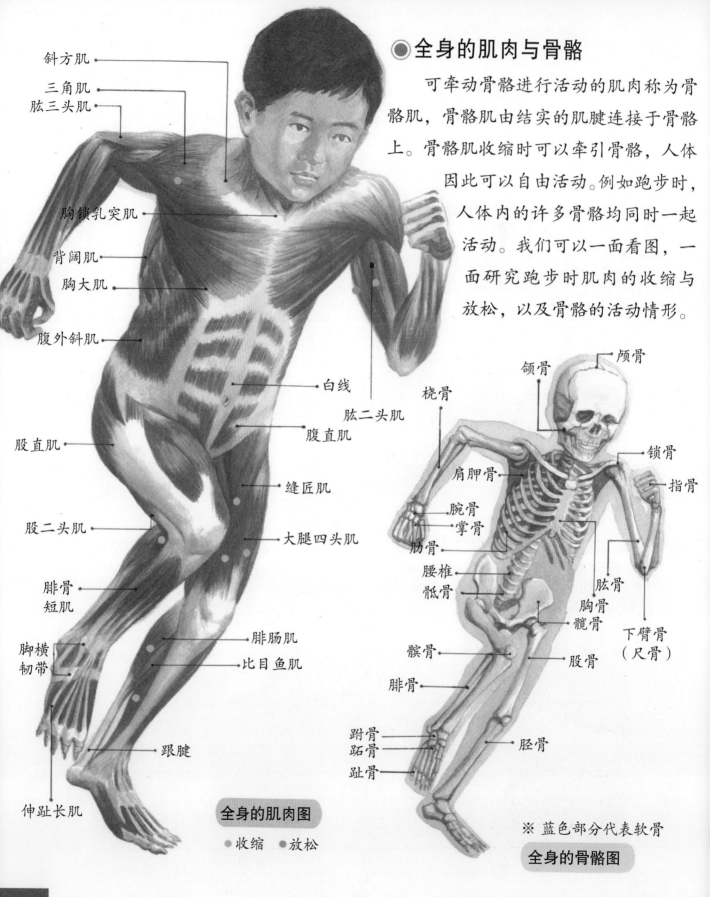

●全身的肌肉与骨骼

可牵动骨骼进行活动的肌肉称为骨骼肌，骨骼肌由结实的肌腱连接于骨骼上。骨骼肌收缩时可以牵引骨骼，人体因此可以自由活动。例如跑步时，人体内的许多骨骼均同时一起活动。我们可以一面看图，一面研究跑步时肌肉的收缩与放松，以及骨骼的活动情形。

斜方肌
三角肌
肱三头肌
胸锁乳突肌
背阔肌
胸大肌
腹外斜肌
白线
肱二头肌
腹直肌
股直肌
缝匠肌
股二头肌
大腿四头肌
腓骨短肌
腓肠肌
脚横韧带
比目鱼肌
跟腱
伸趾长肌

全身的肌肉图
●收缩 ●放松

颌骨
颅骨
桡骨
锁骨
指骨
肩胛骨
腕骨
掌骨
肋骨
腰椎
骶骨
肱骨
胸骨
髋骨
下臂骨（尺骨）
髌骨
股骨
腓骨
跗骨
距骨
胫骨
趾骨

※ 蓝色部分代表软骨

全身的骨骼图

●支撑和保护身体的骨骼

骨骼的功能

我们身上的骨骼是由许多大小不同的骨头联结而成的，骨骼的功能除了让身体各部分可以活动，还可以用来支撑我们的身体。例如，腿骨可以支撑整个身体，骨盆用来支撑上半身，而背脊则可支撑我们的头部。另外，骨骼的另一项重要功能便是保护身体里的内脏器官。

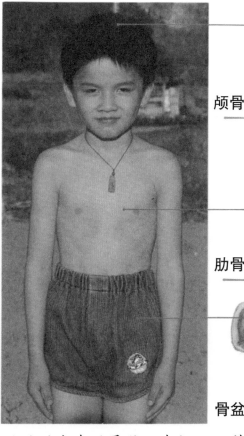

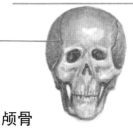

颅骨

颅骨是由23块骨头紧密结合而成，可以保护内部的大脑。

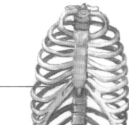

肋骨

肋骨和肋间肌都是人体呼吸所需的重要部分。肋骨呈笼子的形状，可用以保护心脏及肺等器官。

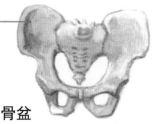

骨盆

骨盆除了用以支撑上体外，还可以保护小肠、大肠、膀胱、生殖器等器官。

要点说明

肌肉收缩时会牵动骨骼，我们的身体因此才能做各种不同的运动。肌肉都是由伸肌（放松）和屈肌（收缩）组成的。另外，骨骼和骨骼的连接部分称为关节，有了关节，骨骼便可借此弯曲或伸直。除了上面的功能外，骨骼还可用来支撑身体，并保护身体内部的内脏等重要器官。

❀进阶指南

人体共有206块骨骼 右图是把人体的全部骨骼加以分组排列而成，共有206块骨骼。骨骼的大小与形状各不相同，但都能配合各自不同的功能。例如手部多半从事细致的活动，所以由小型骨骼构成。腿骨必须支撑身体，所以骨骼粗大且结实。

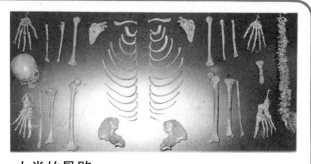

人类的骨骼
人类身体的支架是由许多大小不一的骨骼组合而成。

呼吸

◉ 运动前后产生的变化

我们的身体在长时间步行或进行激烈运动之后，会产生什么样的变化呢？

运动之后，身体有何变化呢？

实 验 观察剧烈运动前后的呼吸次数、脉搏数及体温的变化。

跳绳

躲避球

在运动之前先测量每分钟的呼吸次数、脉搏数和体温的高低。另外，运动时必须先做准备运动，之后再进行激烈的运动。运动后再做一次呼吸数、脉搏数和体温的测量，体温可由口部测量。

	运动前	运动后	变化情形
呼吸次数	19 次	40 次	除了次数增加外，还会感到呼吸急促，无法在短时间内和缓下来。
脉搏数	72 次	138 次	除了次数增加外，跳动也相当剧烈。用手握住手腕可以感觉脉搏的搏动情形比平常明显。
体温	36.7℃	37.5℃	温度较平常高出许多，汗流浃背，全身像燃烧般火热。

由实验得知，在激烈运动之后，呼吸会变得相当急促，次数也增加了许多。

另外，脉搏数也会增加，心脏扑通扑通地跳得比平常急促，耳朵里仿佛听得到脉搏跳动的声音。

此时，全身会汗流浃背，觉得像燃烧般的火热，并产生倦怠感，体温也比平常上升了许多。但是，这些改变都只是暂时的现象，在运动后若稍微休息一会儿，呼吸、脉搏或体温都会慢慢地恢复正常。

●肺部的活动

吸进的空气与呼出的空气 运动之后，呼吸会变得急促，这是肺部的活动相当激烈的缘故。

当肺部活动时，可以把空气中的氧吸入体内，并且把身体里的二氧化碳呼出体外，所以肺部是人体中相当重要的器官。

实验 测量吸入的空气与呼出的空气中，哪一种所含的二氧化碳较多。

❶准备锥形瓶，瓶中注入石灰水，并安装2根管子。

❷吸入空气。

❷呼出空气。

❸石灰水没产生变化。

❸石灰水变得白而混浊。

由实验得知，当吸入空气时，石灰水完全没有变化，当呼出空气时，石灰水会变得白而混浊。由这一点可以证明呼出的空气中含有许多二氧化碳。

人体便是借着吸入空气来获取氧气，呼出空气时则把体内的二氧化碳送到空气中。另外，吸入空气叫作吸气，而呼出空气则叫作呼气。

呼吸作用 我们的身体借着肋骨、肋间肌和横膈膜三部分来进行吸气和呼气的活动，这种活动叫作呼吸运动。当我们吸入空气时，内侧的肋间肌会收缩，而肋骨会上升，同时，横膈膜也会收缩并且下降。如此一来，肺部便扩大，空气便进入肺里。相反地，当我们呼出空气时，外侧的肋间肌会让肋骨下降，横膈膜也于同时放松并且因腹部的力量（腹压）而上升。此时肺部因为受到压缩，里面的气体就被压出来。每个人的身体状况不同，所以肋骨、肋间肌及横膈膜的活动情形也稍有差异。

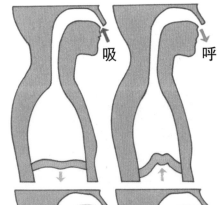

吸 呼

腹式呼吸

活动横膈膜来进行呼吸。吸入空气时，横膈膜会收缩且下降，呼气时则会放松并且上升。

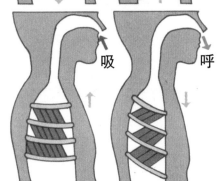

吸 呼

胸式呼吸

活动肋骨和肋间肌来进行呼吸。吸入空气时，肋骨会上升，呼气时则会下降。

空气的通道 当我们吸气时，空气经由鼻或口进入喉咙，喉咙里有一条专供空气通过的管子称为气管，空气经由气管继续进入体内。气管分为 2 条支气管，一条进入左肺，另一条进入右肺。肺里的支气管又分为更细的小支气管，这些小支气管的末端便是薄膜构成的小袋子，它们就是肺泡，而空气便是经由气管、支气管、小支气管再到达肺泡里。

肺和肺泡的构造 由上面的情形看来，我们吸入的空气进入肺泡之后会如何传递氧气呢？我们呼出的气体又会经由哪个部位排出二氧化碳呢？

肺分为左、右两叶，每个肺叶都是

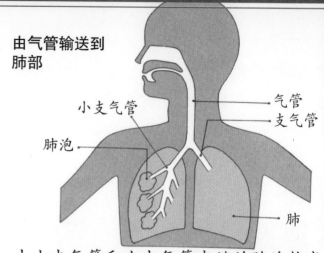

由气管输送到肺部

小支气管
肺泡
气管
支气管
肺

由小支气管和小支气管末端的肺泡构成的。肺泡的周围密布着网状的毛细血管。人体吸入的氧气会被毛细血管里的血液所吸收，并随着血液输送到全身的细胞。相反地，人体不需要的二氧化碳则经由微血管的血液输送到肺泡，然后随着呼气由鼻子排出体外。

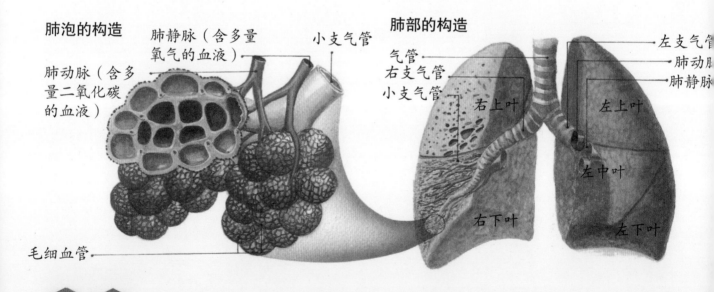

肺泡的构造

肺动脉（含多量二氧化碳的血液）
肺静脉（含多量氧气的血液）
小支气管
毛细血管

肺部的构造

气管
右支气管
小支气管
左支气管
肺动脉
肺静脉
右上叶
左上叶
左中叶
右下叶
左下叶

要点说明

人体经由吸气来获取氧气，而体内的二氧化碳则随着呼出的空气被送出体外，这个运动就叫作呼吸，呼吸需借助人体内的肋骨、肋间肌及横膈膜来进行。当我们

呼吸时，空气会由鼻、口进入气管再传送到肺部，然后进入肺泡的毛细血管中，并随着血液输送至身体的细胞。相反地，二氧化碳会随着呼出的气体排出体外。

血液和心脏

血液的流动路线

通常，我们身体的任何部分若被割伤均会出血。那么，血液究竟是在何处流动？流动的情形是如何呢？

实验 观察血液的流动路线。

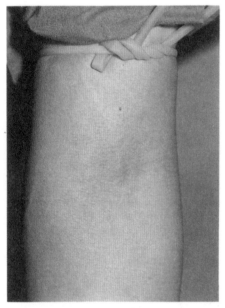

手臂的静脉

按照左图的方式把橡皮管紧紧绑在手臂上并紧握拳头，此时手臂内侧的皮肤下面会浮现蓝色的青筋。这些青筋就是血液的流动路线，也就是所谓的血管。这种血管称为静脉。青筋呈现蓝色是因为血管被勒紧，血液无法流通的缘故（注意：绑的时间不可过长）。

另外，用手指轻压手腕或太阳穴，可以感受脉搏的跳动。这些部位的血管叫作动脉。

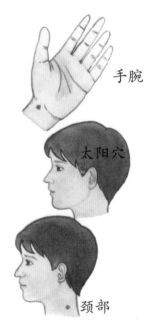

手腕

太阳穴

颈部

进阶指南

血液的流动 利用鲜活的花鳉鱼观察血管中血液的流动情形。

❶用湿的纱布把花鳉鱼尾鳍以外的部分轻轻包住，如此一来花鳉鱼的身体便无法动弹，但却可以继续呼吸。

❷把花鳉鱼放在载玻片上，并通过显微镜观察尾鳍的部分，若放大 150 至 300 倍来观察，可以清楚地看见血液的流动情形。

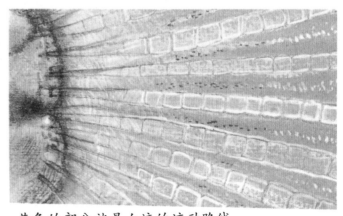

黄色的部分就是血液的流动路线。

● 血液和心脏的功能

动脉和静脉 我们身体里的血液在血管中流动，血管分为动脉和静脉两类。动脉是把血液送出心脏的血管，血管经过一再的分支之后会愈来愈细，最后变成毛细血管并分布于全身。接着，当这些毛细血管再度聚集后，会慢慢形成粗大的静脉，静脉可以把血液送回心脏。

血液的功能 血液可以把呼吸时吸入肺泡的氧气输送到身体各处的细胞，并且把无用的二氧化碳送往肺泡，然后再呼出体外。人体吸入的氧跟体内的废气二氧化碳就是在毛细血管里进行交换。另外，血液还可以把身体吸收的养分送到全身各个部位，氧气能够让这些养分燃烧并帮忙制造运动所需的能量，而二氧化碳便是在这时形成的废物之一。

输送血液的心脏 心脏的主要功能是利用动脉把血液输送到全身各处。我们都知道水管里的水必须经由泵来压出，而事实上，心脏输送血液的功能和泵汲水的道理相同。当心脏输送出血液时，我们可以从手腕、太阳穴或颈部的脉搏跳动情形感觉出来。我们身体中的泵——心脏，位于我们的胸腔内，它的大小相当于每个人自己的拳头，共分为4个小空间。

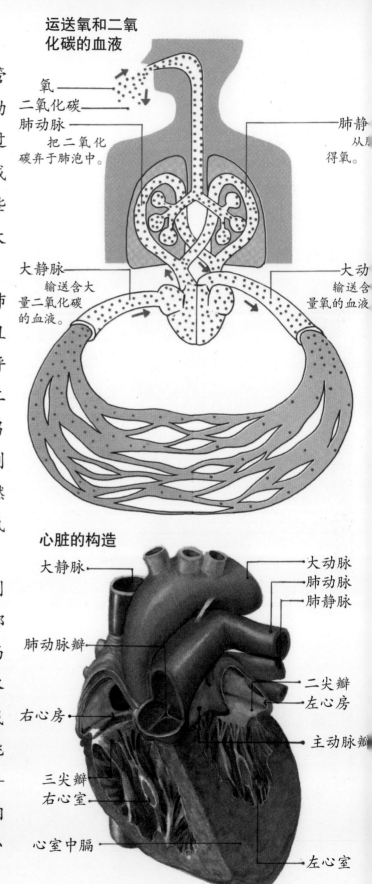

运送氧和二氧化碳的血液

氧
二氧化碳
肺动脉
把二氧化碳弃于肺泡中。
肺静脉 从肺得氧。
大静脉 输送含大量二氧化碳的血液。
大动脉 输送含量氧的血液

心脏的构造

大静脉
大动脉
肺动脉
肺静脉
肺动脉瓣
二尖瓣
左心房
右心房
主动脉瓣
三尖瓣
右心室
心室中膈
左心室

心脏和血液的循环 通常，心脏每分钟输出血液约 70 次，这些血液均输往身体各部位。

含有二氧化碳的血液在体内循环时首先进入右心房，然后进入右心室，再由右心室送往肺动脉，并输往左右肺叶。接着，血液里的二氧化碳和肺部吸收的氧气在肺泡的毛细血管中交换，带氧的血液又进入肺静脉再回到左心房，这整个过程叫作小循环（肺循环）。

血液进入左心房之后会流向左心室，血液受强力挤压后便由左心室流进大动脉，再由大动脉流向全身的动脉。同样，血液里的二氧化碳和肺部吸收的氧气在毛细血管中交换之后，血液便流入大静脉，然后再回到心脏，这个过程叫作大循环（体循环）。心脏就是由上述的右心房、右心室、左心房及左心室构成的，这 4 个小空间永远不停地共同运作。

血液的循环

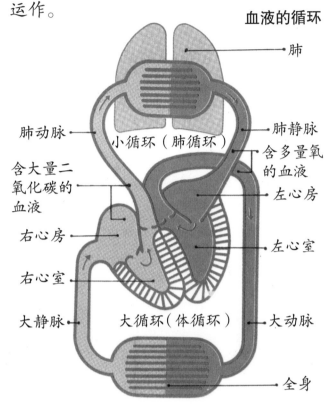

肺

肺动脉

小循环（肺循环）

含大量二氧化碳的血液

右心房

右心室

大静脉

大循环（体循环）

肺静脉

含多量氧的血液

左心房

左心室

大动脉

全身

心脏的血液循环图

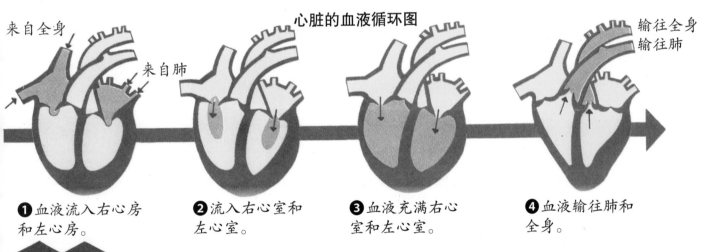

来自全身

来自肺

输往全身
输往肺

❶血液流入右心房和左心房。

❷流入右心室和左心室。

❸血液充满右心室和左心室。

❹血液输往肺和全身。

要点说明

我们的身体里有许多血管，其中从心脏送出血液的叫作动脉，把血液送回心脏的叫作静脉。动脉和静脉之间由分布全身的毛细血管来联结。心脏的功能和泵相似，可以把在肺部取得氧的血液送往全身，并把在毛细血管里交换氧和废物的血液再度送往肺部。这就是人体的血液循环，可分为大循环和小循环两类。

消化和吸收

◉口

牙齿与食物 我们在运动、思考和锻炼身体时都必须仰赖体力，而体力则来自食物中的营养成分。

我们的嘴是摄取食物的地方，分为上颚与下颚两部分，上下颚都排列着坚硬的牙齿。牙齿可用以咀嚼食物。牙齿的表面有坚硬的牙釉质（又叫珐琅质），牙釉质是人体中最坚硬的物质。

> **观察** 利用镜子观察牙齿的形状与排列情形。

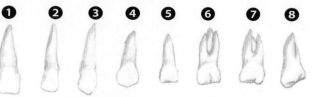

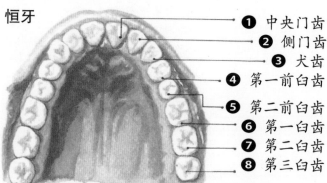

恒牙

❶ 中央门齿
❷ 侧门齿
❸ 犬齿
第一前白齿
第二前白齿
❻ 第一白齿
❼ 第二白齿
❽ 第三白齿

上颚

乳牙

❶ 中央门齿
❷ 侧门齿
❸ 犬齿
❹ 第一白齿
❺ 第二白齿

上颚

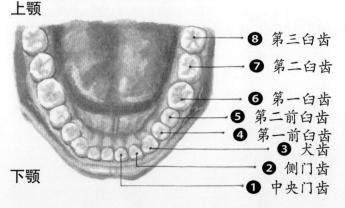

❽ 第三白齿
❼ 第二白齿
❻ 第一白齿
❺ 第二前白齿
❹ 第一前白齿
❸ 犬齿
❷ 侧门齿
❶ 中央门齿

下颚

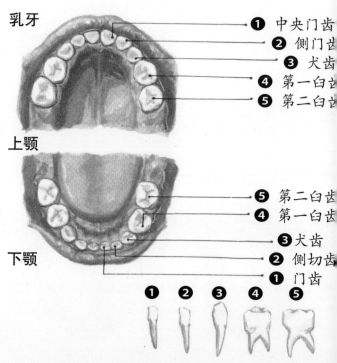

❺ 第二白齿
❹ 第一白齿
❸ 犬齿
❷ 侧切齿
❶ 门齿

下颚

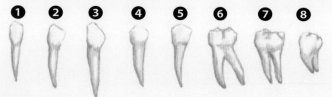

大概在小学的高年级时，乳牙会全部脱落并转变为恒牙。牙齿依形状不同，功能也不一样。门齿用来咬断食物，犬齿可以撕裂食物，白齿可用以磨碎食物。

舌头与食物 舌头除了具有味觉可以分辨甜、苦等味道外，还可以帮助牙齿来搅拌食物。舌头的肌肉很发达，有上下、左右及纵横生长的横纹肌，所以可以自由活动。

食道与食物 牙齿把食物磨碎后，食物会经由食道送往胃部。食道内部有一层结实的膜，坚硬的食物通过时不容易对其造成伤害，这层膜还会分泌黏液来润滑食物。

舌头的构造

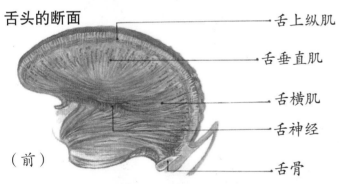

舌扁桃体

轮廓乳头

叶状乳头

舌头的断面

舌上纵肌

舌垂直肌

舌横肌

舌神经

舌骨

（前）

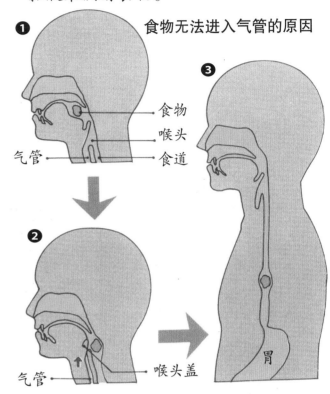

食物无法进入气管的原因

❶

食物
喉头
食道

气管

❷

气管

喉头盖

❸

胃

吃进食物之后，分隔气管和食道的部分会上升并和喉头盖完全接合。如此一来，食物便不会进入气管中。另外，食道壁肌肉一波波地收缩之后，可以自动运送食物，所以即使在睡觉时，食物或水也会被送进胃里。

🐾 进阶指南

齿式 表示哺乳类的牙齿总类与数目的式子叫作齿式。右表横线上面的数目代表上颚，下面的数目代表下颚（各自代表单侧的齿数）。

由表中可以看出，肉食性的猫、狗的门齿和犬齿发达，而草食性的牛、兔等门齿或犬齿并不发达，人类则属于杂食性动物。

人类（恒牙）	猫	猪
2 1 2 3	3 1 3 1	3 1 4 3
2 1 2 3	3 1 2 1	3 1 4 3
马	象	狗
3 1 3 3	1 0 3 3	3 1 4 2
3 1 3 3	0 0 3 3	3 1 4 3
牛	兔	
0 0 3 3	2 0 3 3	
3 1 3 3	1 0 2 3	

※ 数字由左至右分别代表门齿、犬齿、前白齿、白齿。

唾液与食物 食物在进入胃之前会先和口中的唾液相互混合，唾液由许多唾液腺分泌。唾液中含有消化酶，消化酶能把淀粉分解并转变为麦芽糖。所以，当我们咀嚼米饭或面包时会逐渐感觉到甜味。此外，唾液可以使食物变得湿润柔软，因此较易于吞咽。

各种唾液腺（唾腺）

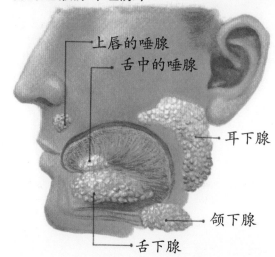

上唇的唾腺
舌中的唾腺
耳下腺
颌下腺
舌下腺

实验 测试淀粉借唾液转变为糖的情形。

❶ 制作稀的淀粉溶液。

▲❷ 在溶液中加入唾液，并分装于4根试管，其中的1根需添加碘液。

▼❷ 将溶液分装于4根试管，其中的1根需添加碘液。

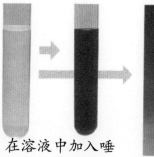

❸ 把其余的3根试管摆入40℃的热水中。

❹ 每隔4分钟从两边各取1根试管，并分别添加碘液，然后观察颜色的变化情形。

❺ 时间愈长的话，溶液的颜色愈透明。

4分钟后　8分钟后　12分钟后

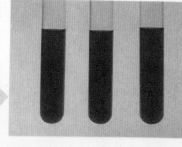

❺ 虽然加入碘液，颜色并没有改变。

由上面的实验得知，在添加唾液的淀粉溶液以及没有添加唾液的淀粉溶液中分别加入碘液后，两种溶液均会变为蓝色。但是，把添加唾液的淀粉溶液放在40℃的水中温过之后再加入碘液，溶液的颜色则会愈来愈透明。

这是因为唾液中含有消化酶，可以把淀粉转变为麦芽糖，而麦芽糖和碘液却不会发生化学反应。由于糖可以溶于水中，所以容易被人体吸收。这种把食物转变成人体易于吸收的形态的过程，叫作消化。

◉胃

食物通过食道之后便被送往胃部。胃由厚实的肌肉构成，形状很像袋子。当食物进入胃部之后，胃壁肌肉便开始伸缩蠕动，食物慢慢地被糅合并且磨碎。这时，胃部内侧胃壁里的皱襞会分泌出一种被称为胃液的消化液。

胃液和唾液一样含有消化酶，胃液中的消化酶被称为胃蛋白酶。胃蛋白酶可以分解食物中的蛋白质。食物经过混合、磨碎成黏稠状之后，会被一点一点地送往十二指肠。

胃的构造

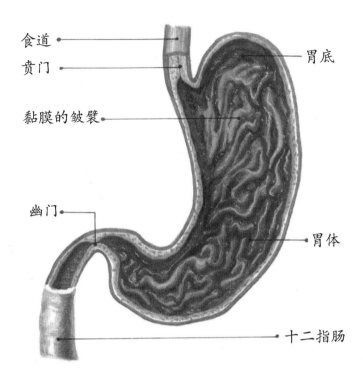

食道
贲门
黏膜的皱襞
幽门
胃底
胃体
十二指肠

胃的运动

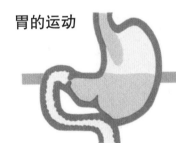

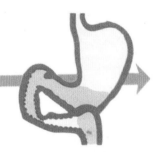

❶ 食物由食道进入胃部。

❷ 胃部的中间变细，食物的一部分已被推入前端。

❸ 胃壁开始上下伸缩蠕动，并把食物糅和成黏稠状。

❹ 黏稠的食物被一点一点地送往十二指肠。

🐟 动脑时间

消化液的发现经过 1752年，法国的科学家雷欧玛曾做过下面的实验。

他在挖了许多小孔的金属管中装满肉和谷物，然后让鸢吞下金属管子。

经过4至5小时后，他取出金属管并仔细地加以观察。发现管中的谷物还保持原样，但肉类却完全溶解了。

由此，他证明了胃部会分泌某种物质，而这种物质可以分解富含蛋白质的肉类。

◉ 小肠

　　小肠与胃部相连，成人的小肠长6至7米，呈细长的管状。小肠的前端是十二指肠，从肝脏或胰脏送来消化液的管子出口都在这里。另外，小肠本身也会分泌消化液，这种消化液称为肠液。当食物进入小肠后，小肠壁肌肉不断地伸缩蠕动，使食物和消化液混合并完全消化，再由肠壁内侧的绒毛加以吸收。绒毛中布满了微血管和小淋巴管，养分可由微血管和淋巴管送往人体的全身。

小肠的运动

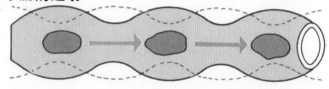

消化器官的构造

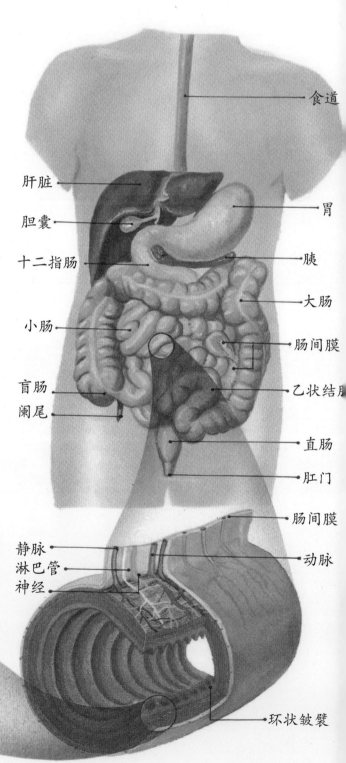

　　肠壁最内层的黏膜上有许多凸起的绒毛，可以增加小肠内部的吸收面积，有助于养分的吸收。

◉大肠

大肠连接着小肠，小肠无法消化的残余物会混合着人体分泌的消化液进入大肠。成人全身每天大约分泌8升消化液，其中包括唾液、胃液、胆汁（由肝脏分泌的消化液）、胰液（由胰脏分泌的消化液）及肠液等。大肠的主要功能是吸收大部分的水分，并让残余物得以顺利排出，而这些残余物最后均会成为半固体的粪便，然后从肛门排出体外。

大肠的构造

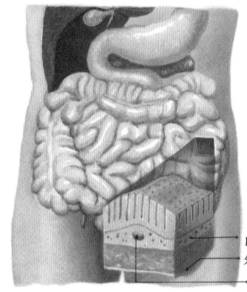

内环肌层
外纵肌层
淋巴结

要点说明

食物经由牙齿咀嚼后便由食道进入胃部，胃部把食物磨碎为黏稠状后将食物送入小肠。食物的养分几乎完全被小肠吸收。无法消化的食物残余物会和水分一起进入大肠。大肠吸收了大部分的水分后，残余物便成为半固体的粪便，并从肛门排出体外。在整个消化过程中，各种不同的消化酶扮演着相当重要的角色，它们均有助于食物的消化。

♥进阶指南

消化管　食物进入口中之后便经由食道→胃→小肠→大肠。从嘴部一直到大肠的肛门是一条连续的管道，这条管道便是消化管。消化管的中途还连接着胰脏和肝脏等器官，这些和消化有关的器官又称为消化器官。右图中的红字表示食物在各器官内的停留时间。

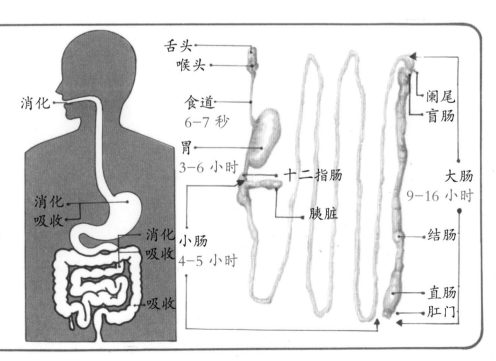

消化

消化
吸收

消化
吸收

吸收

舌头
喉头
食道
6-7秒
胃
3-6小时
十二指肠
胰脏
小肠
4-5小时

阑尾
盲肠
大肠
9-16小时
结肠
直肠
肛门

排泄的构造

● 废物的排泄

我们体内的废物二氧化碳会随着血液的循环由心脏输往肺部，再经由呼气排出体外。同样地，多余的水分或其他废物会随着血液运往肾脏，经过过滤之后，废物会形成尿液并排出体外。

人体共有2个肾脏，位于人体腰部附近的脊椎骨两侧。肾脏内有许多肾小管，肾小管可以把有用物质和废物加以区分，废物从肾小管流到肾盂并形成尿液。尿液经由输尿管后便送往膀胱。像这样，肾脏不但可以净化血液，同时还可以调节人体内的水分。

排泄器官的构造

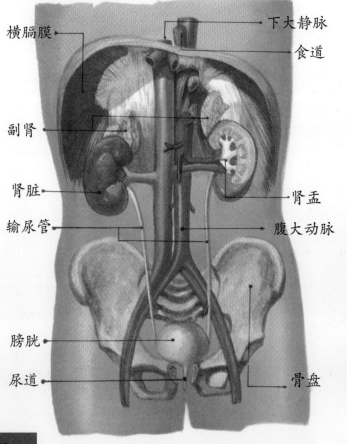

横膈膜
副肾
肾脏
输尿管
膀胱
尿道
下大静脉
食道
肾盂
腹大动脉
骨盘

净化血液的构造

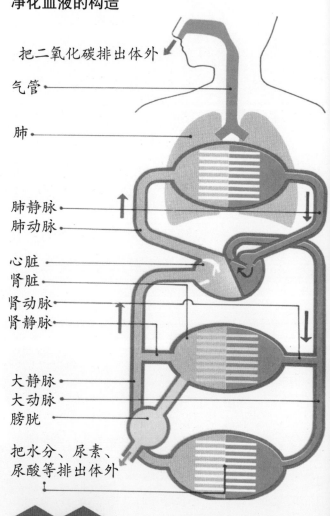

把二氧化碳排出体外
气管
肺
肺静脉
肺动脉
心脏
肾脏
肾动脉
肾静脉
大静脉
大动脉
膀胱
把水分、尿素、尿酸等排出体外

要点说明

我们体内的二氧化碳会随着血液输往肺部，然后借由呼气排出体外。另外，人体中多余的水分和其他废物也会随着血液运往肾脏，经过过滤之后便成为尿液并排出体外。

整理——我们的身体

■运动的意义

我们的身体能以肩部、手肘及膝部等为中心从事弯曲或伸展的动作。在我们做这些动作时，骨骼的某些特定部分也会弯曲。

■肌肉与骨骼的功用

运动是利用肌肉的收缩来带动骨骼的，大部分肌肉由伸展所需的伸肌和弯曲所需的屈肌组成。骨骼与骨骼相连的部位称为关节，脖子、肩部、手肘等便是以关节为活动的中心。骨骼除了运动外还可用以支撑身体，并保护脑部和肺部等器官。

■呼吸

所谓呼吸是指吸入空气中的氧气并呼出二氧化碳的运动过程。人体吸入空气后，空气会经由气管进入肺部，并在肺泡的微血管的血液中进行氧和二氧化碳的交换作业。交换完后，无用的二氧化碳会进入肺泡里，并经由呼气的过程排出体外。

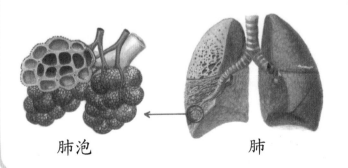

肺泡　　　　　　　　肺

■血液与心脏

动脉和静脉都是人体内重要的血管，动脉把血液送出心脏，静脉则把血液送回来。心脏可以把含氧的血液输送到全身各细胞，并把含有二氧化碳的血液输送到肺部。

血液的循环

■排泄的构造

人体中的二氧化碳会随着血液由心脏输往肺部，然后经由呼气排出体外。另外，人体内的多余水分或其他废物，也会经由血液输往肾脏，经过过滤之后便成为尿液，而后排出体外。

■消化与吸收

我们吃下食物后，食物会经由口部进入食道，然后再被送往胃部。食物在胃里磨成黏稠状后便进入小肠。食物中的大部分养分会被小肠吸收，残余物则被继续送往大肠，再由肛门排出体外。小肠吸收的养分则会随着血液输送到全身各细胞。

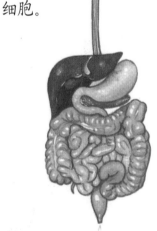

消化器官的构造

6 挑战测试题

（1）昆虫

1 看下图回答下列的问题。

甲

乙

丙

丁

（1）依照凤蝶生长的顺序，在（　　）中填入甲到丁的记号。　　【3】

（　　）→（　　）→（　　）→（　　）

（2）下面的叙述是观察凤蝶生长次序而得到的结果，请将合于上图的符号填入（　　）中。每题3分【6】

①形成鸟粪状，不停地吃着枸橘的叶子。

（　　）与（　　）之间。

②身体裂开，飞出蝴蝶来。刚开始时翅膀稍有缩短，但会渐渐地伸长。

（　　）与（　　）之间。

（3）在甲、丙、丁三个时期之间，哪一段时期既不吃也不动呢？　　【2】

（　　　　）

（4）把甲、乙、丙、丁各时期的名称写出来。

每题3分【12】

甲（　　　　）

乙（　　　　）

丙（　　　　）

丁（　　　　）

2 回答下列有关纹白蝶的问题。　　每题3分【27】

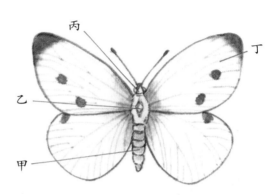

丙　　丁　　乙　　甲

（1）将上图身体各部分的名称写出来。

甲（　　　　）

乙（　　　　）

丙（　　　　）

丁（　　　　）

（2）纹白蝶有几对足呢？（　　　　）

（3）翅膀的数目又是多少呢？（　　　　）

（4）足和翅膀是从身体的哪一部分长出来的呢？

（　　　　）

（5）下列是有关纹白蝶幼虫及成虫所吃的食物，在正确的叙述上打√。

①幼虫

甲（　　）吃卷心菜等蔬菜的菜叶。

乙（　　）吃牵牛花和向日葵的叶子。

丙（　　）吸取花蜜。

②成虫

甲（　　）吃卷心菜等蔬菜的叶子。

乙（　　）吃牵牛花和向日葵的叶子。

丙（　　）吸取花蜜。

答案 → **1**（1）乙→丙→甲→丁 (2)①乙、丙 ②甲、丁 ③甲 (3)甲 (4)甲蛹 乙卵 丙幼虫 丁成虫
2（2）甲腹部 乙胸部 丙头 丁翅膀　(2)3对 (3)2对 (4)胸部 (5)①甲 ②丙

3 观察蜻蜓、蝴蝶以及独角仙的身体构造，再回答下列的问题。 每题3分【30】

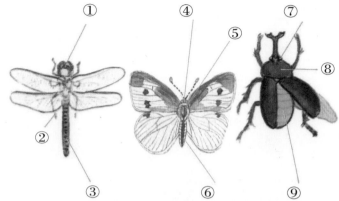

（1）蜻蜓①的部分相当于独角仙的哪一部分呢？请将号码写出。

（　　）

（2）蝴蝶⑤的部分叫什么名称呢？

（　　）

（3）独角仙⑨的部分，相当于蝴蝶身上的哪一部分呢？

（　　）

（4）下列是有关蜻蜓、蝴蝶以及独角仙3种虫的叙述，在正确的叙述前打√，错误的则打×。

①（　　）这3种虫都有2对翅膀。

②（　　）这3种虫都有3对足。

③（　　）这3种虫的身体都分为2部分。

④（　　）这3种虫的身体都分为3部分。

⑤（　　）这3种虫的足，都是4只附在胸前，2只附在腹部。

⑥（　　）这3种虫的脚都是附着在胸前的。

⑦（　　）这3种虫都是昆虫。

4 从下列甲、乙中选出适合下图昆虫的生长顺序，将号码填入（　　）中。每题3分【12】

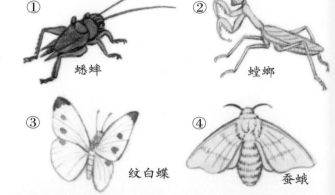

| 甲 | 依照卵、幼虫、蛹、成虫的顺序生长。 |
| 乙 | 依照卵、幼虫、成虫的顺序生长。 |

①（　　）　②（　　）　③（　　）　④（　　）

5 在甲到戊的生物中，将不属于昆虫类的生物选2种出来，将记号填入（　　）中，并从下列①到④的叙述中，把不属于昆虫的原因选出。 每题2分【8】

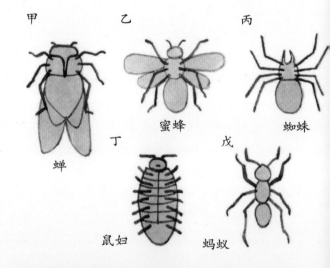

| ● | 不属于昆虫的生物（　　），原因（　　） |
| ● | 不属于昆虫的生物（　　），原因（　　） |

①有8只脚　②有14只脚

③有翅膀　　④身体分为头、胸、腹3部分

（2）人体

1 下方是手臂骨骼与肌肉的示意图。请回答下列问题。

每题 3 分【9】

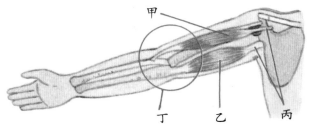

（1）当我们弯曲手臂时，甲、乙二部分的肌肉会变得如何呢？

①甲部分的肌肉 （　　　　）

②乙部分的肌肉 （　　　　）

（2）如丙图所示，肌肉和骨骼联结的部分叫作什么呢？

（　　　　）

（3）如丁图所示，骨骼和骨骼联结的部分叫作什么呢？

（　　　　）

2 看右图回答下列问题。

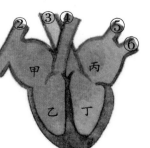

（1）流经全身血管的血液，最初会流入心脏中甲到丁的哪一部位呢？

（　　　　）

（2）①、②2 条血管叫作什么呢？ （　　　　）

（3）流经①、②与⑤、⑥血管的血液中，哪部分的血液里含比较多量的二氧化碳呢？

（　　　　）

3 下图是人类的消化器官，请回答下列问题。

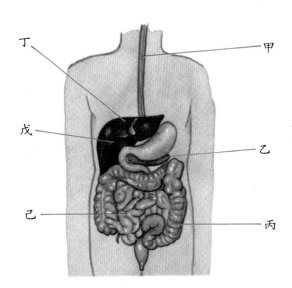

（1）将甲到己各部分的名称写出。

甲（　　　）　　乙（　　　）

丙（　　　）　　丁（　　　）

戊（　　　）　　己（　　　）

（2）以下①到⑤的叙述各是指上图甲到己之中哪些器官的功能呢？把号码写出。

①消化完毕的食物养分，主要是从这儿吸收。

（　　　　）

②将食物等从口送往胃的通道。

（　　　　）

③主要是吸收水分的地方。

（　　　　）

④制造胰液这种消化液的地方。 （　　　　）

⑤储藏由肝脏所制造出的消化液的地方。

（　　　　）

答案➡ **1**（1）①收缩　②伸张（2）肌腱（3）关节　　**2**（1）甲（2）大静脉（3）①、②
3（1）甲：食道　乙：胰脏　丙：大肠　丁：肝脏　戊：胆囊　己：小肠
（2）①己　②甲　③丙　④乙　⑤戊

4 把橡皮管含入口中，一边吸气、一边呼气，然后观察吸入与呼出的空气中何者含较多二氧化碳。请回答下列问题。

每题 5 分【25】

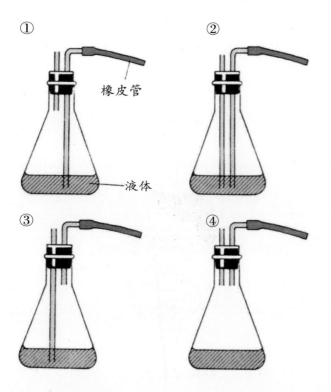

① 橡皮管

液体

②

③

④

（1）要检查呼出的空气时，最好使用①到④之中的哪个器具呢？

（　　）

（2）要检查吸入的空气时，最好使用①到④之中的哪个器具呢？

（　　）

（3）装入每个锥形瓶的液体是什么呢？

（　　）

（4）第（3）题答案中的液体，具备了什么性质对这个实验有帮助呢？

（　　）

（5）将（3）中液体的制造方法写出。

（　　）

5 下图是关于淀粉的实验，请回答下列问题。

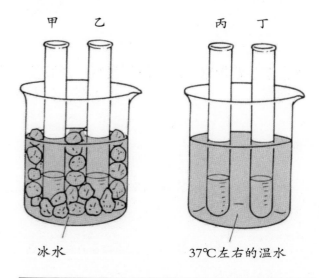

甲　乙　　　丙　丁

冰水　　　　37℃左右的温水

甲	试管……	淀粉溶液
乙	试管……	淀粉溶液和唾液的混合物
丙	试管……	淀粉溶液
丁	试管……	淀粉溶液和唾液的混合物

（1）过一会儿之后，在每支试管中滴入数滴碘液，再观察颜色的变化，请问每支试管各会变成什么颜色呢？

每题 4 分【16】

①甲试管　（　　）

②乙试管　（　　）

③丙试管　（　　）

④丁试管　（　　）

（2）在烧杯加入不同温度的水，是为了测试什么呢？

【5】

（　　）

4（1）①　　（2）③　　（3）澄清石灰水　　（4）二氧化碳会使石灰水变成白色混浊状
　　（5）使氧化钙溶于水，再经过滤，使水变澄清。
5（1）①蓝紫色　②蓝紫色　③蓝紫色　④颜色没有变化　　（2）为了测试唾液对淀粉
　　的功能和温度是否有关系。